江苏省绿色建筑发展报告 2018

江 苏 省 住 房 和 城 乡 建 设 厅
江苏省住房和城乡建设厅科技发展中心 主编

中 国 建 筑 工 业 出 版 社

图书在版编目（CIP）数据

江苏省绿色建筑发展报告.2018/江苏省住房和城乡建设厅，江苏省住房和城乡建设厅科技发展中心主编. —北京：中国建筑工业出版社，2019.9

ISBN 978-7-112-24077-7

Ⅰ.①江… Ⅱ.①江… ②江… Ⅲ.①生态建筑-研究报告-江苏-2018 Ⅳ.①TU18

中国版本图书馆CIP数据核字(2019)第172016号

责任编辑：朱晓瑜
责任校对：张惠雯　赵　菲

江苏省绿色建筑发展报告2018

江苏省住房和城乡建设厅
江苏省住房和城乡建设厅科技发展中心　主编

*

中国建筑工业出版社出版、发行（北京海淀三里河路9号）
各地新华书店、建筑书店经销
北京红光制版公司制版
北京富诚彩色印刷有限公司印刷

*

开本：787×1092毫米　1/16　印张：13¼　字数：273千字
2019年11月第一版　2019年11月第一次印刷
定价：**132.00**元

ISBN 978-7-112-24077-7
(34579)

编 写 委 员 会

主　　任：周　岚　顾小平

副 主 任：刘大威

编　　委：施嘉泓　路宏伟　于　春　费宗欣

主　　编：刘大威

副 主 编：路宏伟

撰写人员：王登云　李湘琳　田　炜　吴志敏
孙　林　丁　杰　赵　帆　朱文运
张　艳　邢晓熙　吴德敏　尹海培
祝一波　曹　静　江桢荣

参编人员（按姓氏笔画顺序）：

王胜玲　韦　佳　卞维锋　史静波
朱灿银　刘　辉　刘　瑢　严欣春
李　健　杨　帆　杨国新　杨宽荣
沈志明　张　晶　张映波　陆金方
陈　龙　陈　重　陈荣华　周荣来
赵伟伟　胥文婷　钱保国　徐　剑
郭丹丹　黄志巍　梁月清　潘　振
魏燕丽

前　　言

党的十九大对生态文明建设作出重大部署，把坚持人与自然和谐共生作为基本方略，要求推动形成绿色发展方式和生活方式。万物各得其和以生，各得其养以成。发展绿色建筑是贯彻落实习近平生态文明思想的重要举措，是满足人民日益增长的美好生活需要的必然要求。

江苏具有经济密集、城镇密集、人口密集的省情特点，在快速城镇化进程中面临着资源环境的约束。2015 年，江苏在全国率先施行地方法规《江苏省绿色建筑发展条例》，开启了法治保障下全面推广绿色建筑的进程。4 年来，江苏在政策法规保障、专项资金引导、科技标准支撑、示范项目引领、工程质量监管、社会氛围营造等方面实施了一系列助推绿色建筑发展的创新举措，绿色建筑规模长期位居全国前列。

本书是对江苏绿色建筑工作的一次阶段性总结，旨在回顾过往，拾遗补缺，以期未来。正文共分为 5 篇，包括发展综述篇、政府推动篇、科技支撑篇、示范推进篇和地方实践篇，另有附录两份。各篇按主题分章节介绍了绿色建筑相关工作思路、进展和成果，力求全面、系统、翔实地展现 2015 ~ 2018 年江苏绿色建筑发展图景。书中所有数据均来自相关工作的调研和统计，统计截止时间为 2018 年末。

本书在编写过程中得到了中国工程院院士、西安建筑科技大学刘加平教授，中国工程院院士、东南大学王建国教授，国家杰出青年科学基金获得者、清华大学林波荣教授，以及有关专家学者和各地建设主管部门的大力支持，在此向所有参与本书编写的人员表示衷心感谢！书稿虽经多次修改，限于时间和水平，难免有不当之处，恳请广大读者朋友批评指正。期待本书能够引起社会各界对绿色建筑工作的关注，激起参与绿色建筑工作的意愿与共鸣，共同推动江苏绿色建筑高质量发展。

本书编委会

2019 年 9 月 30 日

目　　录

第 1 篇　发展综述篇

党的十八大以来，大力推进生态文明建设已经纳入党和政府治国理政的常态性议事日程，生态文明建设的顶层设计与制度体系构建取得了突破性进展，生态文明及其建设思想纳入了习近平新时代中国特色社会主义思想，绿色发展取得明显成效，生态环境质量持续改善。城乡建设是生态文明建设的重要领域，建设美丽和谐宜居的人居环境是生态文明建设的重要内容。发展绿色建筑对转变我国城乡建设模式，破解能源资源瓶颈约束，改善人民生产生活条件，培育节能环保战略性新兴产业，具有十分重要的作用和意义，是贯彻落实“创新、协调、绿色、开发、共享”五大发展理念的重要抓手，也是贯彻落实《中共中央 国务院关于进一步加强城市规划建设管理工作的若干意见》中提出“适用、经济、绿色、美观”建筑方针的具体实践。江苏一直把“推进绿色发展”作为实现生态文明的重要举措，把绿色建筑作为城乡建设领域践行绿色发展理念的重要抓手。近年来，随着绿色建筑的普及，江苏积累了推进工作的经验，取得了令人瞩目的成果。

本篇重点综述江苏绿色建筑发展的宏观背景，推动绿色建筑发展的顶层设计、分类措施和总体成效。篇首对中国工程院院士刘加平在“2018 年江苏省绿色建筑高质量发展科技创新报告会”上的报告进行节选整理，形成《新时代城镇绿色建筑发展对策与实施路径》一文，该文叙述了刘加平院士对绿色建筑现状、问题和路径发展的思考，为新时代绿色建筑高质量发展提供可资借鉴的思路。

学者之言

新时代城镇绿色建筑发展对策与实施路径

刘加平

我国开展绿色建筑工作始于21世纪初，至今已有近20年时间。这期间，伴随着经济的高速发展，建筑业管理机制与行业发展理论体系、技术体系相对成熟稳定。通过学习借鉴发达国家的经验与成果，在理论研究、技术研发、工程示范、标准编制等工作的支撑下，各级政府和主管部门的参与、配套扶持政策的激励下，绿色建筑行业获得了长足发展：

过去20年，我国处于建设高速发展期，特别是近10年来，全国建筑总面积每年增长约20亿 m^2，其中包括相当数量的节能建筑和绿色建筑。在这一过程中，绿色建筑的发展并非一帆风顺，认知和操作上存在三方面问题：

一是观念错位。认为绿色建筑是有别于传统建筑、现代建筑的新建筑类型，主要依赖绿色技术的集成甚至是堆砌，所以建设成本高昂。

二是职责错位。认为实现绿色建筑是咨询人员的职责。建筑师普遍忽视绿色设计，咨询工程师通过添加各种绿色技术和产品把绿色建筑性能指标“凑足”。

三是结果错位。部分项目为了获得补贴而申请绿色建筑标识，设计、评价与施工使用三套图纸，建设成果与设计方案差异较大，导致民众对绿色建筑品质产生怀疑。

当前，面对全球科技革命浪潮下自主创新呼声日益高涨的局面，绿色建筑的深入发展既要与现行管理机制对接，也要响应“适用、经济、绿色、美观”的建筑新方针，我对全面推进城镇绿色建筑发展的对策与实施路径思考如下。

1. 转变发展观念，引领创新发展

全面发展绿色建筑，首先要明确概念。绿色建筑就是符合“适用、经济、绿色、美观”方针的高品质建筑，是在全寿命期内，节约资源、保护环境、减少污染，为人们提供健康、适用、高效的适用空间，最大限度地实现人与自然和谐共生的高性能建筑。新建建筑都应该是绿色建筑，建筑全寿命期的所有阶段、涉及专业都与绿色建筑性能指标实现密切关联。

新版《绿色建筑评价标准》中多处修订内容体现了对绿色建筑发展理念的创新和

引导：一是对绿色建筑重新进行了定义，更强调绿色建筑的综合属性；二是调整了评价导向，将设计阶段评价变为预评估，重视建成后的评价，形成促进绿色建筑健康发展的导向；三是拓展了绿色建筑内涵，增加了安全耐久、健康等性能指标，体现了评价工作的全面性，以及对用户的关怀；四是优化了评价指标，将100多个评价得分点优化调整到60多个，体现了对绿色建筑核心性能的关注，以及对因地制宜创新的支持。

2. 分类管理指标，保障实施落地

全面发展绿色建筑，还要确保性能指标的落实。绿色建筑性能指标涉及建筑策划、方案设计、施工图设计、技术设计、施工建造和运行维护等各个阶段，不同性能指标涉及不同的专业工种。为了更好地实现绿色建筑性能指标，行业管理部门应制定相关管理机制，促进指标落实任务分解到各专业分工中。

绿色建筑性能指标按其实现方式和过程，可以分为三类：一是政策类指标。这类指标需要行业主管部门制定相关政策规范实施，如生态建材的选用，非绿色建材产品的禁用，只要规定明确，收效会很明显。二是设施类指标。这类指标需要具备绿色建筑理念的技术人员自觉自发落实，实施难度不高。如节地指标中的合理使用地下空间和节水指标中的雨水收集、污水回用等。三是性能类指标。这类指标实施起来较为困难，需要设计人员通过模拟分析、计算，不断优化性能实现如建筑室内物理环境指标、建筑节能设计指标等。

政策性指标的实现依靠政策规定，受本地区社会、经济、技术发展水平影响，也受配套的奖罚措施力度影响。设施类指标可通过设计人员落实“适用、经济、绿色、美观”八字方针实现。性能类指标的实现要求从业人员既具备绿色建筑的理念，也具备较高的专业理论修养和技能。

3. 把握关键性能，发挥设计价值

落实绿色建筑性能指标是一个系统性的过程，实现不同类型性能指标的关键点各不相同。下面以一些基本性能为例说明。

节约用地从建筑的角度来说，是在建设活动中最大限度减少占地面积，并使绿化面积少损失、不损失。例如，建筑物前的大面积硬质铺地广场既不生态，也不绿色，将大面积硬质铺地（或裸露土地）覆盖上绿化，才是节约土地的做法。我们提倡屋顶绿化等立体绿化方式，但是放弃地表绿化而以立体绿化弥补是舍本逐末的做法。

建筑节材是指合理使用建筑、装饰材料和可循环材料，并尽可能选用本地材料。在建筑设计中，建筑师决定着建筑构造及装饰材料，片面追求装饰效果而增加材料用量就背离了节材的原则。结构工程师决定着结构与抗震设计中的建材用量，过于保守的设计，会加大建材用量，造成浪费。

建筑节水是设备工程师的主要职责，通过设计节水型供水系统、高效的污水回用系统、雨水收集系统等实现水资源综合利用。与其他绿色建筑技术措施相比，节水措施的增量投资回收期较长，只有妥善安排建设成本与技术应用的关系，才能取得较好的建筑性能，实现较高的性价比。

建筑节能是绿色建筑最难实现的性能之一，根据统计，在建筑总能耗中，建筑本体能耗占70%以上，因此绿色建筑节能中责任最大的是建筑师，其次是暖通、电气工程师，能源、结构工程师也负有责任（图1-0-1）。建筑节能设计与建筑功能空间组织设计及外形立面设计往往存在矛盾，绝大部分建筑师缺乏在设计过程中处理上述矛盾的意识和能力，甚至认为节能设计就是围护结构热工设计，形成无法兼顾形象与性能的设计作品。实现绿色建筑节能的途径包括低能耗的建筑、高效的用能设备、可再生能源系统的补充三方面。

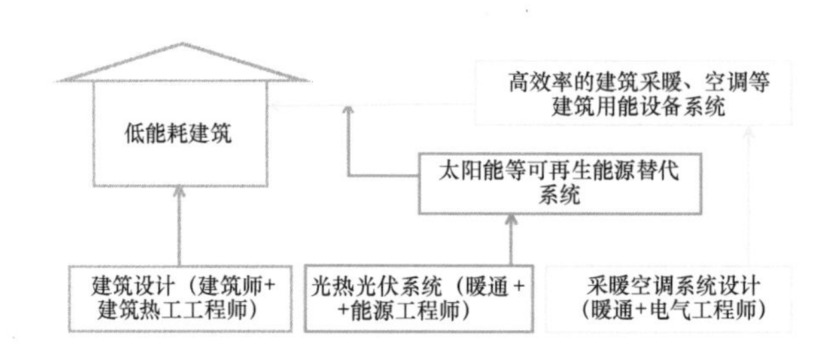

图1-0-1　各专业对低能耗建筑的贡献

4. 优化设计程序，加强配合协调

为了促进绿色建筑科学设计，应当对传统的流水线设计模式进行优化（图1-0-2）。发达国家如美国，早在十年前就开始工程项目的循环设计过程，在从方案设计到施工图设计的流程中间增加了一个循环过程，这个过程中专业工种互相配合协调，通过模拟、分析和预评价开展整体设计，共同优化建筑方案，形成最终的绿色建筑设计方案和图纸。

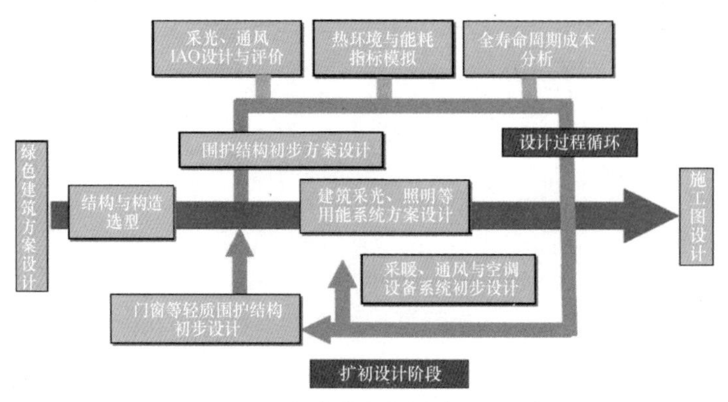

图1-0-2　绿色建筑方案设计流程示意图

第1章 背 景 现 状

1.1 国 际 背 景

绿色建筑源起于20世纪70年代能源危机之后，在全球环境恶化的背景下，世界各国逐渐意识到建筑产业在节能减排方面存在巨大潜力，试图通过降低建筑全寿命期的能源资源消耗来推动经济、社会的低碳发展。绿色建筑因其理念强调保护环境、降低能源消耗、追求高利用率，一经提出，便被世界各国纷纷接受。80年代以来，随着以太阳能为代表的可再生能源技术和以墙体保温为代表的新型建筑材料的大量运用，全球范围内的绿色建筑探索实践渐次深入、势不可挡。

1997年《京都议定书》签订以后，可持续发展思想被越来越多的国家落实到宏观发展战略之中，绿色建筑也被越来越多的国家接受，逐渐成为全球建筑业的发展方向。欧、美发达国家率先开始绿色建筑技术标准的制定工作，英国、日本、美国、加拿大等国先后制定了自己的绿色建筑评估/认证标准。其中认可度最高、适用性最强、应用范围最广的是1998年美国绿色建筑委员会建立的绿色建筑评估体系（Leadership in Energy & Environmental Design Building，简称LEED）。

21世纪以来，绿色建筑进入蓬勃发展期，继英、美等国之后，全球掀起了绿色建筑发展热潮。近几年来，全球绿色建筑项目总量快速增长，增长最快的国家和地区有中国、巴西、东欧和阿拉伯半岛等。绿色建筑标识认证面积达到26.5亿m^2[1]。

2015年，在巴黎举行的第21届全球气候变化大会上通过了《巴黎协定》，确定了“把全球平均气温较工业化前水平升高控制在2.0℃之内，并为把升温控制在1.5℃之内而努力”的全球共识。《巴黎协定》是人类历史上应对气候变化的第三个里程碑式的国际法律文本，奠定了2020年后的全球气候治理格局。它最大限度地凝聚了各方共识，向着《联合国气候变化框架公约》设定的最终目标迈进了一大步，奠定了世界各国广

[1] 世界绿色建筑委员会（World Green Building Council）年度报告（Annual Report 2017/18）.

泛参与减排的基本格局，低碳发展、绿色发展成为全球共识。[1]

近十年来，在中国、欧盟、美国、日本等国的大力推动下，发展绿色建筑，减少能源消耗和环境污染，力争实现建筑、自然和人三者之间的和谐统一，已成为全球建筑业发展的共识。在应用方面，绿色建筑的规划设计、室内环境控制、节能技术、节水技术、绿色建材开发与应用都取得了更大的进展，并且逐步拓展到既有建筑的绿色改造。在研究方面，绿色建筑的研究与其他学科交叉趋势明显，人工智能、智慧物联、卫生健康等技术拓展了绿色建筑的边界，丰富了绿色建筑的内涵。

1.2　国　内　现　状

“十二五”期间，我国城镇化进程加速，取得了两个“突破”：2010～2011 年城镇化率达到并超过 50.0%，整体进入城市型社会阶段；2012 年城镇化率达到 52.6%，超过世界总体水平（52.5%），并以高于世界平均水平的速度（年均 0.5 个百分点）快速推进。[2] 然而，快速城镇化进程带来的城市环境恶化、资源供给不足、城市能耗居高不下等问题日益加剧，严重影响城乡可持续发展。党的十九大报告提出“发展是解决我国一切问题的基础和关键，发展必须是科学发展，必须坚定不移贯彻创新、协调、绿色、开放、共享的发展理念，坚持人与自然和谐共生。建设生态文明是中华民族永续发展的千年大计，必须树立和践行‘绿水青山就是金山银山’的生态文明发展理念，坚持节约资源和保护环境的基本国策，像对待生命一样对待生态环境”。我国政府高度重视绿色建筑发展，已将其列入《国民经济和社会发展第十二个五年（2011—2015 年）规划纲要》《国民经济和社会发展第十三个五年（2016—2020 年）规划纲要》和《国家中长期科学和技术发展规划纲要（2006—2020 年）》等国家发展战略。《住房城乡建设事业“十三五”规划纲要》不仅提出到 2020 年城镇新建建筑中绿色建筑推广比例超过 50% 的目标，还将推进绿色建筑发展定为“十三五”时期的主要任务之一，同时部署了进一步推进绿色建筑发展的重点任务和重大举措。各地积极落实国家战略，江苏、浙江、河北等地通过立法方式推动绿色建筑发展。

我国绿色建筑历经 10 余年的发展，经历了从无到有、从少到多、从试点示范到全面推广的发展阶段，绿色建筑标识项目超过 12.5 亿 m^2，建立了较为全面的政策体系、

[1] 《巴黎协定》开启 2020 年后全球气候治理新阶段，新华网国际频道，2015.

[2] 潘家华，魏后凯．城市蓝皮书：中国城市发展报告 No. 8. 2015.

监管机制、技术体系和推进机制。部分省（市、区）已开展绿色建筑施工图设计文件审查，大部分省会城市已在保障性安居工程、政府投资的公益性建筑、大型公共建筑中执行绿色建筑标准。

2015年以来，我国绿色建筑发展呈现新趋势。国家出台了一批和绿色建筑发展密切相关的政策，涉及发展规划、评价管理、科研创新等方面。标准制定方面，已由过去主要关注“四节一环保”转变为更加关注建筑规划、设计、建造、运行等全寿命期的绿色化；创作设计方面，由过去主要关注绿色性能转变为更加重视绿色、健康、智慧、人文等综合性能提升；相关科研机构牵头成立了热带及亚热带地区、夏热冬冷地区、严寒和寒冷地区3个绿色建筑联盟，相继成立了北方地区、华东地区、南方地区和西南地区4个绿色建筑基地，有力推动了我国绿色建筑快速发展❶。

1.3 江 苏 概 况

自唐宋起，江苏就是国人心目中理想的人居代表地之一，拥有丰富的传统建筑遗产。谚曰“天上天堂，地下苏杭。”

截至2018年末，江苏城镇化率达69.6%，全省常住人口8050.7万。江苏地区生产总值2018年达到92595.4万亿元❷，人均GDP、地区发展与民生指数（DLI）均居全国省域第一，经济社会发展已步入“中上等”发达国家水平。作为经济先发地区，江苏城乡建设水平在全国处于领先地位。2018年实现建筑业总产值30846.7亿元❸。4个城市（县）获得“联合国人居环境奖”，15个城市（县）获得“中国人居环境奖”，获奖城市数量保持全国首位，拥有全国最多的国家园林城市（县）。江苏与上海、浙江共同构成的长江三角洲城市群已成为6大世界级城市群之一。

在经济社会发展和城市建设取得成果的同时，江苏面临的资源环境约束形势日益严峻。江苏人口密度为750人/km^2，是全国人口密度最大的省份。全省耕地面积6870.0万亩，人均占有耕地仅为0.89亩，不到全国平均水平的2/3。江苏的能源自给率低，全省已探明的石油可开采储量仅占全国的0.2%，水电资源仅占全国水电开发总量的0.3‰，人均占有煤炭资源量仅为全国平均水平的6.8%❹。因此，走可持续发展道路，持续践行绿色发展理念，是应对发展瓶颈的必然选择。

---

❶ 王清勤．我国绿色建筑发展和绿色建筑标准回顾与展望．建筑技术，2018.4

❷ 江苏省人民政府官网.

❸ 2018年江苏省建筑业发展报告.

❹ 摘自：周岚．江苏城乡建设的绿色追求.

第2章　顶　层　设　计

江苏省委、省政府高度重视并大力推动生态文明建设，城乡建设领域抓住快速城镇化大量建设的机遇积极推进绿色发展，推动城乡建设发展模式向绿色、节约、生态的方向转型。从建筑节能、可再生能源建筑应用、绿色建筑、节约型城乡建设到绿色生态城区，从试点示范到全面推进，从单项技术的应用探索到区域和城市范围的集成实践，江苏城乡建设领域绿色发展的内涵不断完善，内容日益综合，实践渐次深入，形式丰富多样，走出了一条从理念到实践、不断探索创新的绿色发展之路，绿色发展也日益成为行业共识。

2.1　完善政策法规体系

近年来，江苏不断完善绿色建筑发展政策法规体系，省委、省政府先后出台了《关于推进节约型城乡建设工作意见的通知》《全省美好城乡建设行动实施方案》《绿色建筑行动实施方案》等文件，对推动绿色建筑发展作出具体部署。省政府建立了绿色建筑行动联席会议制度，将联席会议办公室设在江苏省住房和城乡建设厅（以下简称“省住房城乡建设厅），有力保障了绿色建筑工作的推进。

2015年，江苏发布实施了全国首部绿色建筑地方法规——《江苏省绿色建筑发展条例》，启动了法治保障下全面推广绿色建筑的进程。《江苏省绿色建筑发展条例》明确规定全省城镇新建民用建筑全面按照绿色建筑标准规划、设计、建设；使用国有资金投资或者国家融资的大型公共建筑，均采用二星级以上绿色建筑标准进行规划、设计、建设。

2.2　设立省级专项资金

2008年，江苏省财政厅、省住房城乡建设厅共同设立了省级建筑节能专项引导资金（以下简称“省级专项资金”），对绿色建筑、绿色生态城区、绿色建筑示范城市、可再生能源建筑一体化应用、既有建筑绿色节能改造、合同能源管理以及超低能耗

（被动式）建筑等工作给予财政资金支持。通过省级专项资金的引导，推动了各地在建筑节能、绿色建筑和绿色生态城区领域的探索与实践。省级专项资金设立11年（2008~2018年）以来，全省累计确立各类示范项目831项，累计安排财政资金21.8亿元（平均约2.0亿元/年）。共设立72个省级绿色生态城区，规划面积约12000.0km^2，实现了设区市的全覆盖并向县（市、区）拓展，全省绿色建筑标识项目和节能建筑规模长期保持全国领先水平，获全国绿色建筑创新奖项目数量在各省区中名列前茅。同时，在绿色能源高效利用、绿色交通发展、水资源综合利用、固体废物资源化利用等方面取得了显著成效。

在各省级专项资金的大力支持下，各地开展了因地制宜、因城施策的积极实践，建成了一批单体和区域集成示范项目，对推动地方创新实践、提升城乡建设绿色发展水平起到了积极作用。

2.3 坚持专项规划引领

2010年起，江苏通过省级专项资金鼓励引导地方以绿色建筑规模化发展和节约型城乡建设重点工程为目标，在小尺度的城市区域启动绿色生态城区创建工作。省住房城乡建设厅在推进绿色生态城区建设过程中，秉承“规划引领”理念，引导各地基于城市总体规划、控制性详细规划开展专项规划编制，逐渐形成了包含绿色建筑、建筑能源、水资源综合利用、绿色交通、城市固体废物利用的技术体系，覆盖城市规划建设各子系统的绿色生态城区专项规划体系。在省住房城乡建设厅不断完善绿色生态城区专项规划体系的理论基础与技术指引的同时，各绿色生态城区组织编制了300多项专项规划，科学指导创建工作。

《江苏省绿色建筑发展条例》规定，县级以上人民政府有关部门组织编制本行政区域的绿色建筑发展规划以及绿色建筑、能源综合利用、水资源综合利用、固体废弃物综合利用、绿色交通等专项规划，并将专项规划的相关要求纳入控制性详细规划。各设区市积极探索、不断完善绿色建筑发展规划与绿色生态专项规划的编制方法与实施路径。苏州市政府印发了《苏州市城区绿色建筑布局规划》，要求将二星级及以上绿色建筑指标落实在建设用地规划条件中，从源头上推进高星级绿色建筑的建设。无锡、南通、徐州等市以专项规划研究为支撑，要求在新建项目土地出让合同和规划条件中明确绿色建筑相关指标要求，保障了绿色建筑的普及推广。

2.4　构建闭合监管机制

为落实《江苏省绿色建筑发展条例》中“新建城镇民用建筑全面按照绿色建筑标准设计建造”要求，江苏制定了《江苏省民用建筑施工图绿色设计文件编制深度规定》和《江苏省民用建筑施工图绿色设计文件技术审查要点》，在建设工程申请规划许可前设置绿色建筑规划方案的审查要求，实现了绿色建筑设计方案与评价标准技术要求的有效对接，确保通过审查的项目至少达到绿色建筑一星级标准。发布实施《江苏省绿色建筑设计标准》DGJ32/J 173—2014、《绿色建筑工程施工质量验收规范》DGJ32/J 19—2015、《绿色建筑室内环境检测技术标准》DGJ32/TJ 194—2015 等一批地方标准，完善了江苏绿色建筑标准体系。在各类管理规定、技术标准的支撑下，江苏构建了管理上覆盖规划方案审查、施工图审查、竣工验收等环节，技术上贯穿绿色建筑规划设计、建设施工、检测评价全过程的长效监管机制。

为有效落实绿色建筑与建筑节能工作的总体发展目标，从 2012 年起，省住房城乡建设厅每年制定发布《全省建筑节能与绿色建筑工作任务分解方案》，将绿色建筑与建筑节能任务指标分解落实到各设区市建设主管部门，要求明确责任，采取措施推进落实，确保完成任务，并做好数据的收集、甄别、统计和汇总上报工作。每年底组织开展考核和调研评价，通过项目抽查，现场核查，及时发现问题与不足，并将考核结果作为省政府能耗总量、强度“双控”考核和生态文明考核依据之一。2015 年以来，任务分解指标进一步优化完善，增加了超低能耗（被动式）建筑、既有建筑绿色改造等指标。这项制度的实施，有力地推动了江苏绿色建筑与建筑节能工作的快速发展。另外，江苏还将绿色建筑发展指标纳入省生态文明建设规划、省人居环境奖创建指标、大气污染防治行动计划等体系之中，进一步完善了绿色建筑闭合监管机制。

2.5　开展宣传培训推广

2008～2018 年期间，江苏已连续举办了 11 届“江苏省绿色建筑发展大会”，累计设各类议题 50 余个，组织学术报告和发言逾 500 项，参会人员来自亚、美、欧三大洲，总人数逾万（图 1-2-1）。

图 1-2-1　江苏省绿色建筑发展大会主题❶

历届大会积极推动与世界各国的交流沟通，多次邀请美国、加拿大、英国、法国、德国、日本等国的专家学者参会发言，并于第十届江苏省绿色建筑发展大会期间倡议成立"国际绿色建筑联盟"，旨在推动绿色建筑高质量发展，构建绿色建筑国际交流合作创新平台。大会重视绿色建筑政产学研各领域的信息共享，邀请的发言嘉宾既有行业专家，也有来自主管部门、科研院所、项目建设方的代表，促进了绿色建筑政策机制、科研创新、项目实践、技术推广等各方面工作的交流，有力推动了绿色建筑由浅入深的发展，增进了行业共识，扩大了社会影响。

2012 年，江苏建设了全国首个绿色建筑和生态智慧城区展示中心，系统展示了绿色生态理念、技术和生活方式，获批住房城乡建设部首个"绿色建筑和生态智慧城区展示教育基地"，免费向社会开放，有效提升了绿色理念的宣传效果和社会影响力。

江苏每年配合全国节能宣传周活动同期开展绿色建筑宣传。通过在公共场所设立宣传展位、发放绿色建筑宣传册，在各类媒体发布节能减排、绿色建筑相关科普知识等方式，宣传绿色低碳理念，引导全社会参与节能降耗活动，推动形成绿色生活方式和生产方式。

---

❶ 摘自：周岚，于春．推动建筑文化和建筑品质提升的江苏行动．2019 中国建筑学会学术年会，苏州．

第3章 工 作 进 展

3.1 发展阶段综述

江苏的绿色建筑发展与国家发展进程基本同步，走过了“浅绿—深绿—泛绿”的历程，根据相关进展，大致为三个阶段（图1-3-1）。

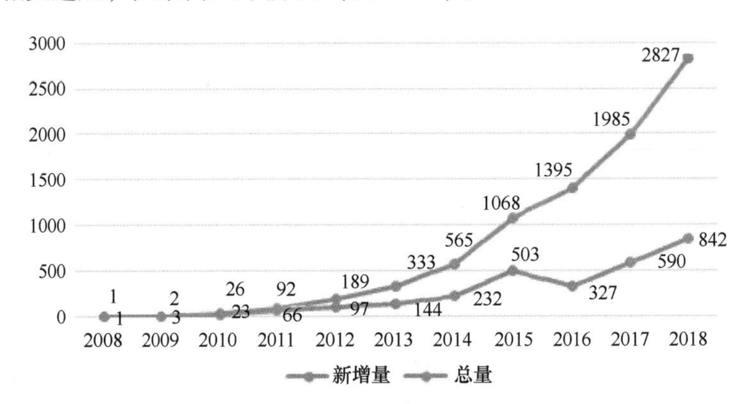

图1-3-1 江苏绿色建筑规模增长曲线图

第一阶段（2008～2010年）标准指导下的起步探索阶段

《绿色建筑评价标准》GB 50378—2006发布后，具有先觉意识的建设项目开始按照绿色建筑理念实施项目设计、建设和标识申报工作。这一阶段政府相关部门启动政策研究和储备，绿色建筑产业发展尚未成型，宣传推广工作刚刚起步。绿色建筑项目数量少、增长慢，标识项目总量不超过30个，但质量水平较高，二星级及以上绿色建筑标识项目数量占比达80.8%，运行标识项目数量占比达15.0%。

第二阶段（2011～2014年）政策引领下的规模化集聚发展阶段

在江苏省绿色建筑行动实施方案等政策的指导下，在省级专项资金的大力支持下，绿色建筑迎来政策红利，进入规模化增长期。项目数量年均增长率超过50%，标识项目总量达539个，奠定了江苏绿色建筑规模全国领先的地位。项目分布呈区域集聚态势，苏州、南京等地绿色建筑项目增长迅速，47个省级绿色生态城区集聚了全省

89.1%的项目。绿色建筑产业发展形成明显的经济增长点，绿色建筑带动直接、间接经济效益达10350.0亿元❶，年均增长率均超过50.0%。这一阶段绿色建筑相关宣传交流活动显著增多，绿色建筑发展的社会影响力逐渐显现。

第三阶段（2015～2018年）法治保障下的全面普及和特色化发展阶段

《江苏省绿色建筑发展条例》颁布实施后，绿色建筑标识项目数量爆发性增长，在基数较高的情况下，仍然保持了超过50.0%的年均增长率，其中2015年增长率达到117.0%。这一阶段绿色建筑项目类型不断丰富，各地市立足自身条件，取得了相应发展。苏州、南京、无锡等市的项目规模全省领先，苏中、苏北以绿色生态城区创建为契机，实施了一批绿色建筑示范项目，构建了相应的管理工作机制。这一阶段绿色建筑配套产业链基本形成，全社会绿色意识初步建立。

3.2 工 作 成 效

3.2.1 绿色建筑

1. 进展概述

2015年以来，江苏绿色建筑工作在政策法规体系完善、长效监管机制构建方面取得了重要进展。《江苏省绿色建筑发展条例》的发布实施，标志着绿色建筑发展进入了法制化轨道。《绿色建筑工程施工质量验收规范》和民用建筑施工图绿色设计文件等一批规范标准、管理文件的发布实施，实现了绿色建筑工程立项、土地出让、规划审批、设计审查、竣工验收、房产销售等各环节闭合监管。同时，江苏重视绿色建筑相关示范、科研、宣传工作的开展，通过一系列举措鼓励高品质绿色建筑建设实践。

2. 总体成效

2015年以来，江苏绿色建筑项目数量持续保持全国领先。2015～2018年，江苏累计新增绿色建筑标识2262项，总建筑面积达到23215.3万m^2，其中设计标识2169项，建筑面积为21973.6万m^2；运行标识93项，建筑面积1241.7万m^2。在2262项绿色建筑标识项目中，一星级806项，建筑面积为7486.6万m^2；二星级1301项，建筑面积为14305.6万m^2；三星级155项，建筑面积为1423.1万m^2。绿色建筑工作主要成效如下。

---

❶ 江苏省住房和城乡建设厅，江苏省住房和城乡建设厅科技发展中心，江苏省绿色建筑工程技术研究中心. 江苏省绿色建筑发展报告2014.

（1）绿色建筑标识项目稳步增长

截至2018年末，江苏已有2768个绿色建筑项目获得标识，总建筑面积达到28772.6万m^2，其中设计标识2655项，建筑面积为27245.8万m^2；运行标识113项，建筑面积1526.8万m^2（图1-3-2、图1-3-3）。

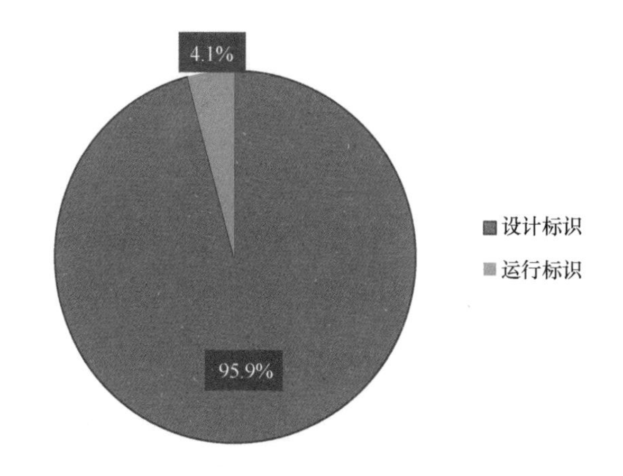

图1-3-2　江苏绿色建筑标识项目分类占比

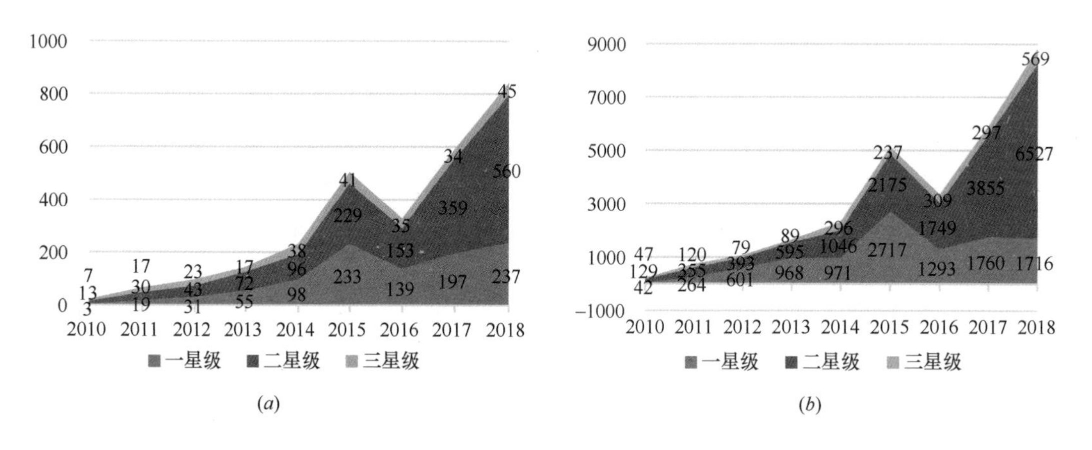

图1-3-3　江苏历年绿色建筑标识项目规模

（a）按数量统计；（b）按面积统计

从项目数量和面积上来看，2010～2014年，绿色建筑标识项目数量和面积增长较缓慢，2015年项目数量和面积出现爆发性增加，2010年以来项目数量和面积基本上呈线性增长态势。

（2）高星级绿色建筑发展较快

在所有标识项目中，二星级及以上项目为1813项，建筑面积为18896.4万m^2，占总数的60.0%以上。其中，三星级258项，建筑面积为2072.4万m^2（图1-3-4）。江苏省绿色建筑项目处于较高的质量水平，这既得益于《江苏省绿色建筑发展条例》中对高星级绿色建筑的扶持政策及省级专项资金、各地政府的具体落实措施，也与经济发展

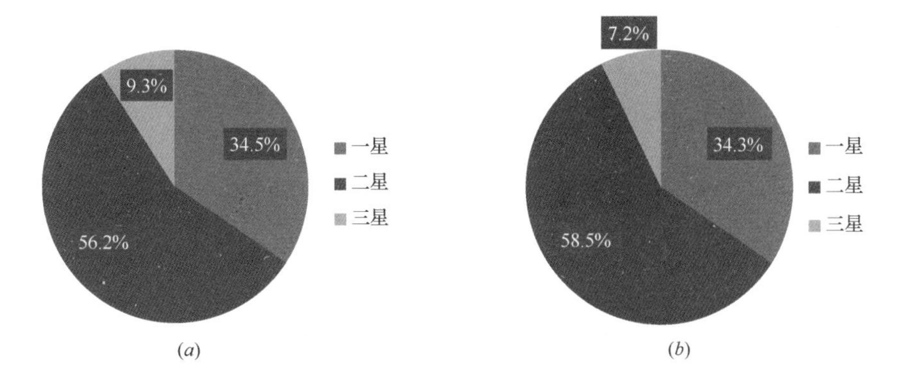

图 1-3-4 江苏绿色建筑标识项目星级分类占比

（a）按数量统计；（b）按面积统计

水平不断提高有一定关联。

（3）绿色建筑标识项目类型全面

在所有标识项目中，住宅建筑 1458 项，建筑面积为 21245.7 万 m^2；公共建筑 1352 项，建筑面积为 7765.9 万 m^2；工业建筑 17 项，建筑面积为 258.9 万 m^2。在所有标识项目中，保障性住房 164 项，建筑面积为 3111.4 万 m^2；公益性建筑 438 项，建筑面积为 1870.9 万 m^2；大型公共建筑 605 项，建筑面积为 5217.6 万 m^2；其他类建筑 1620 项，建筑面积 19070.5 万 m^2。绿色建筑项目类型覆盖较为全面，民用建筑仍是实践绿色建筑的主要领域（图 1-3-5）。

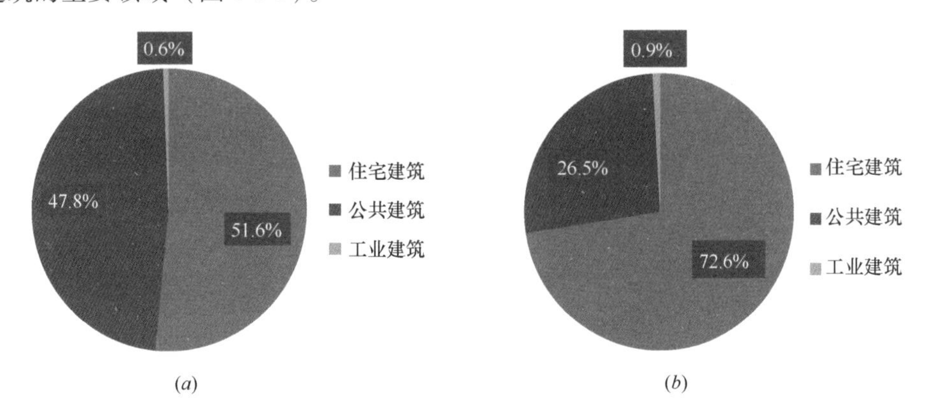

图 1-3-5 江苏绿色建筑标识项目功能分类占比

（a）按数量统计；（b）按面积统计

（4）各地绿色建筑工作取得进展

各设区市的绿色建筑发展水平及规模存在差异，但在原有工作基础上，都取得了一定的进展。苏州、无锡、南京等地项目总量位居全省前列，宿迁、连云港等地虽然项目数量较少，也实现了运行标识项目的零突破（图 1-3-6、图 1-3-7）。

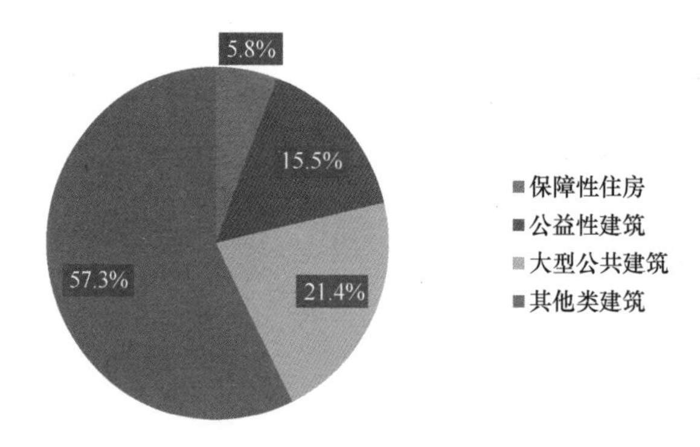

图 1-3-6　江苏绿色建筑标识项目性质分类占比

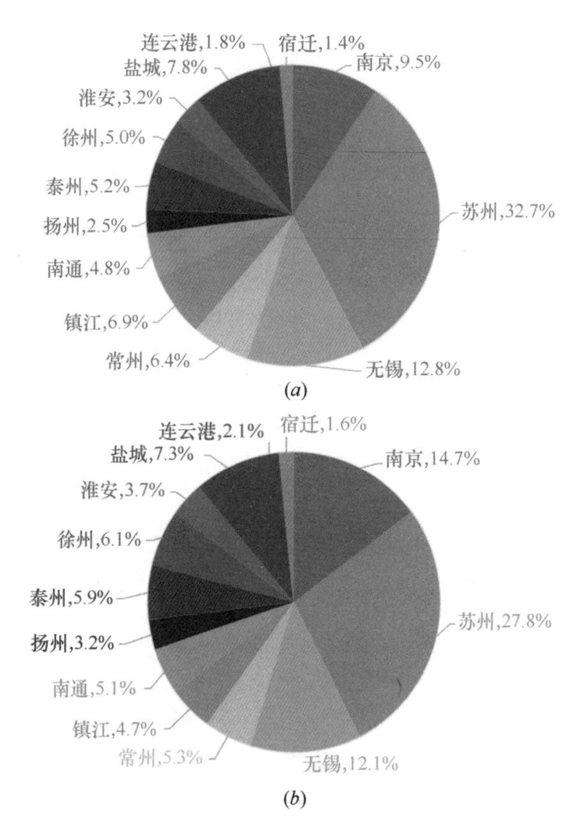

图 1-3-7　江苏绿色建筑标识项目各设区市规模占比

（a）按数量统计；（b）按面积统计

3.2.2　建筑节能

1. 进展概述

早在“八五”期间，江苏就启动了建筑节能工作，“十五”期间，建立了一套较完整的建筑节能工作制度，建筑节能工作得到了快速发展。至“十二五”期末，江苏的节能建筑规模全国最大，国家级可再生能源建筑一体化示范项目数量全国最多。“江苏省可再生能源在建筑中应用”获得了2012年迪拜国际改善居住环境全球百佳范例奖。近些年来，江苏的建筑节能发展总体保持全国领先水平。

2015年以来，在全面落实《江苏省绿色建筑发展条例》的基础上，江苏建筑节能继续深入发展，建筑节能水平持续提升。通过省级专项资金支持75%节能标准和超低能耗（被动式）建筑试点示范以及相关科研工作，先后启动了《江苏省居住建筑热环境和节能设计标准》修订和《江苏省超低能耗居住建筑技术导则》编制工作，为“十四五”期间全面实施更高水平节能标准积累基础。大力推动既有建筑和社区的节能改造、绿色改造和适老化改造，持续推进既有建筑与社区的环境与性能提升。

在注重单项建筑能效提升的同时，江苏积极谋划建筑能耗总量控制工作，完成了全省能耗总量控制实施机制的研究，并支持各设区市开展公共建筑能耗限额的研究工作。已经形成省、市联动，设区市能耗限额研究全覆盖的良好开局，为下一步出台能耗限额相关制度提供有力支撑。

2. 总体成效

2015～2018年，江苏累计新增节能建筑68294.0万m^2（公共建筑17648.0万m^2、居住建筑50646.0万m^2），新增可再生能源建筑应用面积26009.0万m^2（太阳能热水系统应用24217.0万m^2，地源热泵系统应用1792.0万m^2），对3083.0万m^2既有建筑进行了节能改造（公共建筑2030.0万m^2、居住建筑1053.0万m^2）。建筑节能工作主要成效如下：

（1）节能建筑规模不断扩大

2015年，《江苏省居住建筑热环境和节能设计标准》DGJ 32/J 71—2014、《江苏省绿色建筑设计标准》DGJ 32/J 73—2014实施。同年，江苏开始实施民用建筑绿色设计审查制度，在规划方案审查和施工图审查阶段增加对节能标准强制性条文和绿色建筑设计要点的审查。这一系列标准和管理制度的出台，从根本上保障了绿色建筑与建筑节能要求在设计环节中的落实。

截至2018年末，全省累计节能建筑规模总量达19.5亿m^2，占城镇建筑总量的59.4%，比2010年末增长了26.9个百分点；既有建筑节能改造规模总量达5347.0万m^2，占城镇建筑总量的1.6%。

（2）可再生能源建筑应用全面普及

江苏可再生能源建筑应用从最初的试点示范到步入常态化，得益于政府和市场的联合推动。早在2007年，省住房城乡建设厅就制定了《关于加强太阳能热水系统推广应用和管理的通知》。2008年，省级专项资金设立之初，就把可再生能源建筑应用纳入支持类别。《江苏省绿色建筑设计标准》要求城镇所有新建居住建筑全部设计安装太阳能热水系统。

《江苏省绿色建筑发展条例》对可再生能源建筑应用提出要求，明确了新建的政府投资公共建筑、大型公共建筑、新建住宅和宾馆、医院等建筑应用可再生能源的要求，巩固了应用成果。

江苏大力支持以合同能源管理模式推动可再生能源建筑应用和既有建筑节能改造，合同能源管理示范项目已达86个。省内多所大中专学校的生活热水系统通过合同能源管理模式进行了改造，主要应用了太阳能和空气源热泵结合技术方式。

截至2018年末，全省可再生能源建筑应用规模总量达55137.0万m^2，其中太阳能光热建筑应用面积51271.4万m^2、浅层地热能建筑应用面积3865.6万m^2。可再生能源建筑应用规模全国领先。

（3）建筑能效提升取得阶段性进展

江苏从2015年开始在新建民用建筑中实施65%节能标准，大幅提升了建筑节能水平。同年，省级专项资金开始支持超低能耗（被动式）建筑示范，当年确定了5个示范项目，相关科研工作同步开展，为制定地方标准奠定基础。2017年，启动《江苏省居住建筑热环境和节能设计标准》修订工作，2018年，启动《江苏省超低能耗居住建筑技术导则》编制工作。截至2018年末，江苏共确定了12个超低能耗（被动式）建筑示范项目，5个省级绿色生态城区落实了75%节能标准或超低能耗（被动式）建筑试点项目。《江苏省居住建筑热环境和节能设计标准》和《江苏省超低能耗居住建筑技术导则》已完成征求意见稿。

3.2.3 绿色生态城区

1. 进展概述

2010年起，江苏以省级"建筑节能和绿色建筑示范区"（以下简称"示范区"）为抓手，在小尺度的城市区域开展省级绿色生态城区（包括省级专项资金支持的各类绿色建筑类区域示范）创建工作。通过省级专项资金重点倾斜，鼓励引导地方以"推动科学发展、建设美好江苏"为导向，以绿色建筑规模化和节约型城乡建设重点工程为目标，开展绿色生态理念落地、政策机制制定、技术路线研发、示范项目建设等多元创新实践，探索城市建设发展模式向绿色、生态方向转变。在指导示范创建过程中，不断优化目标任务、完善长效机制、推动技术进步，逐步将资源节约、环境友好、生态宜居的核心理念拓展至城乡规划、建设、运营等环节。至2014年末，全省13个设区市均创建了省级绿色生态城区，示范成效初显，推动了各地绿色建筑和节约型城乡建设工作的实践。

2015年，随着《江苏省绿色建筑发展条例》的发布实施，绿色生态城区创建工作步入法制保障下的全面发展阶段。

2016 年，江苏启动了《江苏省绿色生态城区发展报告》编写工作，系统梳理全省绿色生态城区建设成果，分析总结绿色生态城区各项工作成效，该报告于 2018 年正式出版。

2018 年，省住房城乡建设厅发布《江苏省绿色生态城区专项规划技术导则》，指导全省绿色生态城区专项规划编制工作。同年，江苏省地方标准《绿色城区规划建设标准》编制工作正式启动，该标准以指导绿色城区在规划、建设、运营阶段的管理和技术工作为目标，侧重绿色城区实施要点的把控，兼顾关键技术推广。

2. 总体成效

截至 2018 年末，江苏累计设立 72 个省级绿色生态城区（图 1-3-8）。2015 ~ 2018 年期间，新设立省级绿色生态城区 18 个，包括 6 个绿色建筑示范城市（区、县）、5 个绿色建筑和生态城区区域集成示范、1 个绿色建筑小镇和 6 个奖补城市。

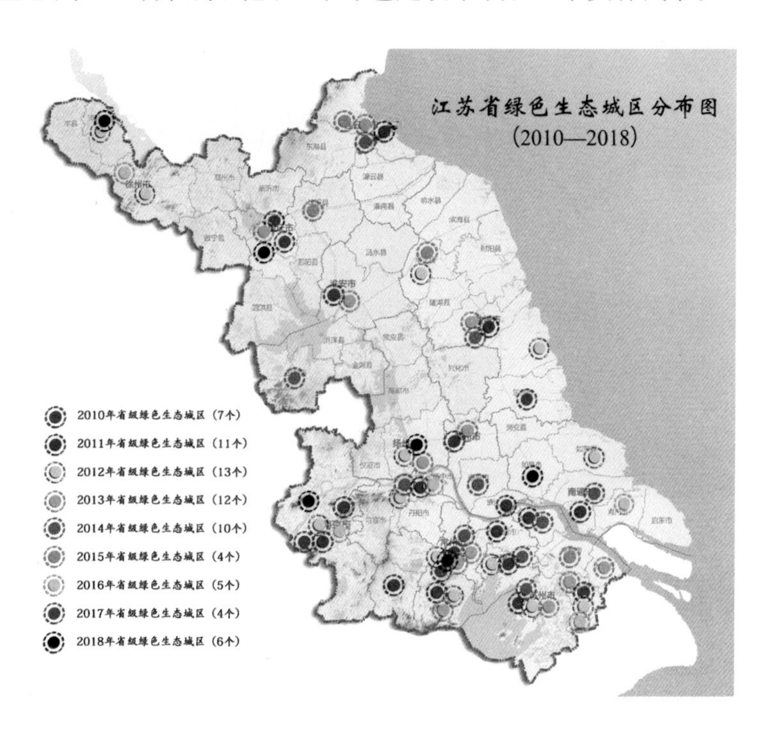

图 1-3-8　江苏省绿色生态城区分布图

（1）建立实施了政策管理机制

为推进绿色生态城区工作，各地积极开展探索，逐渐形成了涵盖绿色建筑发展、既有建筑绿色改造、公共建筑节能运行管理、可再生能源规模化应用、建筑产业现代化推进、绿色建筑相关产业发展、建筑垃圾资源化利用等重点工作，覆盖规划、建设、运营的政策机制和管理体系。对规范、有序地开展绿色生态城区创建工作起到了较好的指导作用，部分城区结合地方特色，在绿色建筑验收、绿色生态城区创建任务考核等方面形成了机制创新成果。

（2）编制落实了系列专项规划

全省绿色生态城区不仅实现了控制性详细规划的全覆盖，还编制了300多项基于绿色生态理念的专项规划（图1-3-9），完善了以绿色建筑、城市建筑能源系统、水资源综合利用、绿色交通等专项规划为核心内容的绿色生态城区专项规划体系。同时，各地积极推进专项规划成果落地实施，以昆山花桥国际商务城、苏州吴中太湖新城、常州市武进区、淮安生态新城为代表的一大批绿色生态城区，已将专项规划成果纳入控制性详细规划中，确保了相关内容和指标的落地实施。

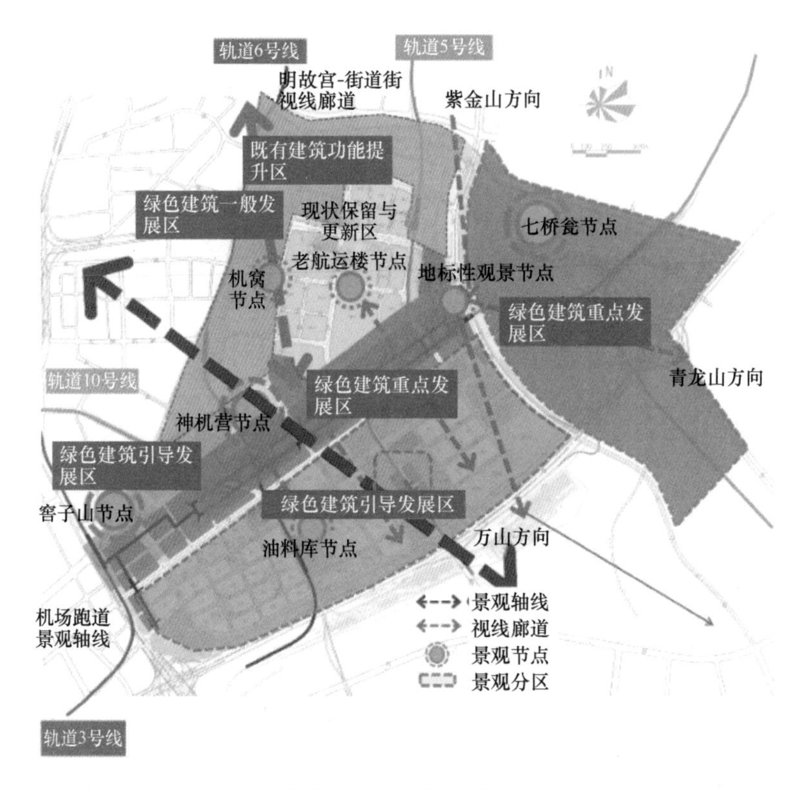

图1-3-9　南京市南部新城绿色建筑专项规划图

（3）研究构建了技术支撑体系

近几年来，省住房城乡建设厅先后组织开展了《江苏省建筑节能和绿色建筑示范区规划建设指标体系研究》《江苏省建筑节能和绿色建筑示范区推进机制研究》《江苏省建筑节能和绿色建筑示范区后评估体系》等多项课题研究，印发了《江苏省绿色建筑应用技术指南》《江苏省建筑节能和绿色建筑示范区重点技术推广目录》《江苏省绿色生态城区专项规划技术导则》等技术文件，出版了《江苏省绿色建筑标准体系》《江苏省绿色生态城区发展报告》等专著，构建了较为完善的绿色生态城区技术体系和标准体系。

（4）建设完成了绿色惠民工程

截至2018年末，全省绿色生态城区累计开工建设绿色建筑面积约1.2亿m^2；实施建筑地下空间总面积约1680.3万m^2；建成各类区域能源站36座，服务建筑面积约1166.0万m^2；规划实施城市综合管廊61.9km；建设超低能耗（被动式）建筑5.3万m^2；应用节能灯具、可再生能源路灯约48.6万盏；建设城市生态湿地项目76个，占地面积约1775.5万m^2；建筑垃圾年利用总量约1300.0万t。经测算，通过绿色生态城区创建，年节约标准煤总量约190.3万t，减少CO_2排放5000万t。

各绿色生态城区紧扣示范目标和发展方向，建设了一批技术集成度高、特色明显、效益显著的绿色惠民工程。如武进区通过引入市场资金和采用国内外先进设备与成熟工艺等措施，建成投运建筑垃圾资源化利用基地，实现建筑垃圾综合转化利用率95.0%以上；常州市金融商务区建设了透水性铺装、雨水花园、生态草沟、生物滞留池等绿色雨水基础设施，探索海绵城区建设；南京河西新城以青奥板块为核心，建设了有轨电车、青奥村集中能源站、生态湿地等一批具有良好示范作用的绿色市政基础设施；苏州工业园区、无锡新区建设了区域能源站、市政综合管廊、智慧园区管理平台等项目；徐州新城区、沛县新城区开展生态环境修复和生态湿地建设，并在可再生能源建筑应用和绿色照明等方面取得较好成效。江苏城乡建设职业学院打造了全国第一个绿色校园，并以绿色理念教育为特色，建设了国内领先的绿色校园样板。

第2篇　政府推动篇

江苏每年新增绿色建筑项目数量基本占到全国总数的四分之一，当之无愧地成为绿色建筑领跑省份。在绿色建筑项目数量持续增长过程中，各级政府部门成为推动绿色建筑发展的主力，通过牢牢树立并积极传播绿色发展理念，大力推动绿色建筑落地生根，探索构建了行之有效的绿色建筑推进机制。

本篇重点介绍江苏各级政府部门在绿色建筑发展中发挥的重要作用，分类详述在组织管理、政策法规、社会宣传等方面形成的工作经验和取得的成果绩效。

第 1 章 行 政 管 理

近年来，江苏响应国家方针政策，落实住房城乡建设部工作要求，在实践中逐步构建了省、市、县三级绿色建筑行政管理体系。

省住房城乡建设厅是江苏绿色建筑行业发展的主管部门，相关职责包括拟订绿色建筑、建筑节能发展规划并监督实施；组织实施重大绿色建筑与建筑节能项目；指导建筑能效测评和绿色建筑标识管理工作；承担全省机关办公建筑和大型公共建筑节能评估的监督管理工作；拟订住房城乡建设科技发展规划和政策，组织建筑行业重大科技项目研究；制定智慧建筑和建筑产业现代化政策措施并指导实施；指导科技成果的转化推广工作；组织编制、审定地方工程建设标准及标准设计等，具体工作由省住房城乡建设厅建筑节能与科研设计处（2019 年 1 月 29 日起更名为绿色建筑与科技处，以下简称“科技处”）承担。市县绿色建筑工作由建设主管部门牵头负责，内设的业务处室承担具体工作，详情见表 2-1-1。

各市县绿色建筑工作的具体负责部门 **表 2-1-1**

序号	市级主管部门	内设处室
1	南京市城乡建设委员会	建筑节能与科研设计处
2	无锡市住房和城乡建设局	建筑节能与设计处（信息处）
3	徐州市住房和城乡建设局	绿色建筑与科技处
4	常州市住房和城乡建设局	绿色建筑与科技处
5	苏州市住房和城乡建设局	科技处
6	南通市住房和城乡建设局	绿色建筑与科技处
7	连云港市住房和城乡建设局	绿色建筑与科技处
8	淮安市住房和城乡建设局	绿色建筑与科技处
9	盐城市住房和城乡建设局	绿色建筑与科研设计处
10	扬州市住房和城乡建设局	绿色建筑与科研设计处
11	镇江市住房和城乡建设局	绿色建筑与科技处
12	泰州市住房和城乡建设局	绿色建筑与科技处
13	宿迁市住房和城乡建设局	科研设计处（绿色建筑处）

第2章 政 策 扶 持

2016年，《中共中央国务院关于进一步加强城市规划建设管理工作的若干意见》发布，要求按照“五位一体”总体布局和“四个全面”战略布局，牢固树立和贯彻落实创新、协调、绿色、开放、共享的发展理念，认识、尊重、顺应城市发展规律，更好发挥法治的引领和规范作用，依法规划、建设和管理城市，贯彻“适用、经济、绿色、美观”的建筑方针，着力转变城市发展方式，着力塑造城市特色风貌，着力提升城市环境质量，着力创新城市管理服务，走出一条中国特色城市发展道路。提出“支持和鼓励各地结合自然气候特点，推广应用地源热泵、水源热泵、太阳能发电等新能源技术，发展被动式房屋等绿色节能建筑。完善绿色节能建筑和建材评价体系，制定分布式能源建筑应用标准”等导向政策。住房城乡建设部等部门先后发布了《城市适应气候变化行动方案》《建筑节能与绿色建筑发展“十三五”规划》《住房城乡建设科技创新“十三五”专项规划》等，给全国绿色建筑发展创造了良好的政策环境。

2015年以来，江苏发布了《江苏省“十三五”建筑节能与绿色建筑发展规划》，明确江苏绿色建筑发展的目标和主要任务；修订了《江苏省省级节能减排（建筑节能和建筑产业现代化）专项引导资金管理办法》，加大财政资金对绿色建筑的支持力度；制定了工程建设地方标准编制计划，不断完善绿色建筑标准体系。截至2018年末，江苏13个设区市均编制发布了绿色建筑发展规划，在规划中明确了推动绿色建筑发展的主要政策。这些政策措施的确立，对江苏绿色建筑蓬勃发展起到了强有力的支撑作用。

2.1 《江苏省“十三五”建筑节能与绿色建筑发展规划》

2.1.1 主要内容

1. 回顾工作成果

《江苏省“十三五”建筑节能与绿色建筑发展规划》全面回顾了“十二五”期间江苏建筑节能与绿色建筑工作情况，有数量指标的统计，也有成效经验的总结。指出截至2015年末，全省节能建筑规模达到143790.0万m^2，占城镇建筑总量53.0%，比

2010年末增长了20个百分点（表2-2-1）。绿色建筑标识项目面积达到11003.0万m^3，超额完成《江苏省绿色建筑行动实施方案》确定的目标任务，并形成技术创新、标准支撑、政企联动、宣传示范四方面工作经验，为“十三五”期间绿色建筑向纵深发展打下了良好基础。

江苏省“十二五”建筑节能与绿色建筑规划完成情况　　表2-2-1

序号	任 务	“十二五”规划指标	完成情况
1	累计建筑节能量	1300万t标煤	2191万t标煤
2	减少CO_2排放	3000万t标煤	5368万t标煤
3	新建建筑节能标准	逐步实现65%节能标准	2015年起全面执行65%标准
4	既有建筑节能改造	公共建筑2000万m^2	公共建筑1586万m^2
		居住建筑400万m^2	居住建筑1178万m^2
5	可再生能源应用	60万t标煤	67万t标煤
6	建筑能耗监测	500幢公共建筑	860幢公共建筑
7	绿色建筑标识	1000项	1048项
8	建设绿色生态示范区	20个	58个

2. 发展原则和目标

《江苏省“十三五”建筑节能与绿色建筑发展规划》提出了坚持“市场主导、政府引导，全面要求、分类推进，技术引领、整体提升”的发展原则。提出江苏城镇民用建筑实现绿色建筑全覆盖，绿色建筑的内涵与质量稳步提升；居住建筑室内环境显著改善；建筑实际用能的上涨趋势得到有效抑制；绿色生态城区发展长效机制成熟稳定，绿色生态城区建设示范带动效应明显，使江苏建筑节能与绿色建筑工作继续保持全国领先地位的总体发展目标（表2-2-2）。

江苏省“十三五”建筑节能与绿色建筑任务指标　　表2-2-2

类别	指　标		数　量	性质	备注
建筑节能	建筑节能标准		由65%向75%过渡	约束值	
	新增节能量		1450万t标煤	约束值	“十三五”期间累计完成量
	其中	新建建筑节能	1240万t标煤		
		可再生能源应用	65万t标煤		
		既有建筑改造	145万t标煤		
绿色建筑	一星级绿色设计标识比例		100%	约束值	2016年
	二星级及以上绿色设计标识比例		南京市、苏南：60%	约束值	2020年
			其他地区：50%		
	公共建筑中绿色运行标识面积		1000万m^2	约束值	2020年

续表

类别	指　　标	数　　量	性质	备注
绿色生态城区	建设绿色建筑区域示范	15 个	约束值	
	建设国家绿色生态示范区	3 个	参考值	
	已建绿色示范区提档升级	5 个	参考值	

3. 重点任务

《江苏省“十三五”建筑节能与绿色建筑发展规划》提出超低能耗（被动式）建筑试点推进、室内环境健康保障、建筑能耗限额试点管理、绿色建筑提质增效、可再生能源建筑普遍应用、既有建筑节能改造机制建设、绿色生态城镇提档升级、绿色服务产业培育壮大八项重点任务，每项重点任务从实施路径、发展目标和配套机制角度做了细化阐述。

4. 保障措施

《江苏省“十三五”建筑节能与绿色建筑发展规划》提出完善政策与制度、健全协同管理机制、加快研究培训、创建城市建设管理机制、保障财政资金支持、开展绿色建筑教育六大措施，确保发展环境健康有序、技术支撑可靠、发展活力提高、社会氛围良好。

2.1.2　特色创新

1. 名称创新

《江苏省“十三五”建筑节能与绿色建筑发展规划》顺应绿色发展大势，将名称定为“建筑节能与绿色建筑发展规划”，“绿色建筑”关键词的加入，标志着绿色建筑成为住房城乡建设领域贯彻新发展理念的主要落脚点。

2. 内容创新

《江苏省“十三五”建筑节能与绿色建筑发展规划》提出推进超低能耗（被动式）建筑、室内环境健康保障、能耗限额试点管理、“绿色建筑 +”工程等创新内容。其中“绿色建筑 +”是在全国率先提出的理念，超低能耗（被动式）建筑在夏热冬冷地区属于率先尝试，室内环境健康保障、能耗限额试点管理是江苏在“十三五”期间计划开展的工作，对于系统推进建筑能效提升、人居环境改善具有重要意义。

3. 机制创新

《江苏省“十三五”建筑节能与绿色建筑发展规划》提出建立既有建筑节能改造机制。采用行政约束与市场驱动相结合的方式，实现既有建筑节能运行管理，推动高能耗建筑进行节能改造。对于居住建筑，重点结合城中村改造、老旧小区整治等进行节能统一改造，探索分户独立改造模式。鼓励更多市场资源进入绿色建筑服务领域，引入 PPP、EMC 等新模式，不断提升绿色建筑项目实施与管理水平。

2.2 省级专项资金政策

江苏自2008年起设立省级节能减排（建筑节能）专项引导资金。每年安排约2亿元支持绿色建筑和建筑节能发展，地方政府在组织申报省级专项资金时，承诺按一定比例配套经费，进一步加大了对绿色建筑项目的财政资金投入。南京、南通、无锡、苏州还分别设立了市级建筑节能（绿色建筑）专项引导资金，每年财政支持规模在400万~1000万元。

2.2.1 省级专项资金管理办法主要内容

为推动绿色建筑、建筑节能和建筑产业现代化融合发展，2015年省财政厅、省住房城乡建设厅对省级专项资金管理办法进行了修订，顺应新时代绿色建筑发展新要求。修订后的管理办法将省级专项资金的名称调整为“建筑节能和建筑产业现代化”，提出省级专项资金主要采取以奖代补的方式实施；对参与资金管理的各部门职责做了明确的规定，调整了支持对象和标准，增加了对建筑产业现代化相关工作的支持；对项目管理和资金管理工作内容作了区分。

省级专项资金管理办法修订后，省住房城乡建设厅每年结合重点工作安排新的支持项目类型。如2015年新增建筑用能管理工程示范和超低能耗（被动式）建筑工程示范，2016年新增公共建筑能耗限额制定科技支撑项目，2017年新增绿色建筑小镇示范，2018年将区域示范调整为绿色建筑与建筑节能综合提升、绿色生态城区高品质建设两类，这些新增类型进一步扩大和丰富了绿色建筑、建筑节能和绿色生态城区的内涵。

2.2.2 政策体系特色创新

1. 扶持项目与时俱进

从各年度省级专项资金申报文件来看，一直紧跟绿色建筑发展趋势，适时调整资金支持重点与项目类型。省财政厅与省住房城乡建设厅每年就制定项目申报指南进行多轮会商，确保了支持项目符合绿色建筑发展方向和年度重点工作需要。

2. 管理体系规范有序

除了严格执行省财政厅与省住房城乡建设厅共同制定的省级专项资金管理办法，省住房城乡建设厅还更新了配套制度和管理标准。包括各类项目管理流程、重要管理节点需执行的技术标准。这些配套制度、管理标准与省级专项资金管理办法一起，共同构成了省级专项资金管理体系，保障了资金管理、项目管理有据可依，系统规范。

第3章　立　法　保　障

3.1　立　法　过　程

“十一五”以来，江苏绿色建筑总量居全国首位，实施了大量绿色建筑和绿色生态城区示范项目，在扶持政策、技术路线、标准规范、推进机制、产业发展等方面探索了很多有益经验，为绿色建筑立法创造了良好条件。

2013 年，《江苏省绿色建筑发展条例》被列入省人大和省政府立法计划项目，由省住房城乡建设厅负责起草。为做好起草工作，省住房城乡建设厅开展了深入的调查研究，与省发展改革、经济和信息化、财政、物价、水利、编办、科技、统计等部门进行座谈交流，走访了建设、设计、施工、建材生产等重点企业和科研院所，借鉴深圳、武汉等地绿色建筑规章制定经验，对立法的必要性、可行性、拟设立制度进行了认真调研和反复论证。按照规定程序，经省政府法制办组织征求意见、省政府常务会议审议、省人大常委会审议后，于 2015 年 3 月发布，2015 年 7 月 1 日起施行。

3.2　主　要　内　容

《江苏省绿色建筑发展条例》共 7 章 60 条。各章内容如下：第一章 总则，第二章 规划、设计和建设，第三章 运营、改造和拆除，第四章 绿色建筑技术，第五章 政府引导，第六章 法律责任，第七章 附则。

《江苏省绿色建筑发展条例》的核心要求有三项。一是新建民用建筑全面达到一星级绿色建筑标准的基本要求。这是根据江苏经济社会发展实际情况确立的刚性规定，标志着绿色建筑发展模式由鼓励、倡导向强制执行要求转变。围绕这个要求，《江苏省绿色建筑发展条例》针对绿色建筑规划、设计、建造、运维等重要阶段制定了涉及项目立项、土地出让、规划审批、设计审查、竣工验收、房产销售等一系列具体制度。要求各地各有关部门依据这些制度，进一步做好细化工作，强化建设系统内部的闭合管理，将全面建设绿色建筑的要求严格落实到位。二是从单体建筑绿色化向区域绿色发展的要求。结合省级绿色生态城区创建工作的实践经验，把专项规划引领和落地实施作为核心内容，提出编制绿色建筑发展规划和绿色生态专项规划，把绿色发展相关内容和指标纳入法定规划的要求。同时，提出保障城市新建建筑绿色化、城市基础设施从“灰色”向“绿色”发展等要求。三是突出强化公共建筑节能运行管理的要求。针对建筑运行管理薄弱环节，《江苏省绿色建筑发展条例》明确了主管部门职责、公共建筑产权单位及使用单位的义务，确立了建筑能耗统计、能效公示、能耗定额管理等制度，指出落实好其具体规定是实现建筑能耗总量控制的必由之路，也是推动形成既有建筑节能改造市场的前提条件。

《江苏省绿色建筑发展条例》还要求设立绿色建筑发展基金，对绿色建筑推广实施奖励，对违反《江苏省绿色建筑发展条例》的情况实施处罚，为绿色建筑的健康有序发展建立了较为完善的法制框架。

3.3　主　要　目　标

3.3.1　实现政府引导和市场推动

《江苏省绿色建筑发展条例》对于政府投资新建项目，从优先采用更高星级绿色建筑标准，至少应用一种可再生能源，公共租赁住房按照成品住房标准建设等方面提出要求，要求政府投资公共建筑履行拆除备案制度，彰显了示范带头作用。通过财政资金扶持、落实税收优惠、实行水资源费减免等激励政策，提高社会项目执行高星级绿色建筑标准的积极性。提出建立和实施建筑能耗超限额加价制度和差别电价政策，鼓励通过合同能源管理模式开展节能改造，进一步增加市场推动力。

3.3.2　注重建筑运行阶段的管理

《江苏省绿色建筑发展条例》细化了建筑能耗统计、能源审计、分项计量等节能运行管理要求，强化了行政相对人义务，使节能运行管理成为用能单位应自觉履行的法律责任。政府的监管对象聚焦为超能耗限额的重点用能建筑，有助于突出监管重点，降低监管成本，提高管理效益。此外，《江苏省绿色建筑发展条例》还对物业服务合同中物业服务企业履行绿色建筑相关职责内容进行了规范。

3.3.3 推广适宜的绿色建筑技术

结合江苏省情，推广自然通风、自然采光、雨水利用、余热利用和太阳能、地热能等适宜技术。同时将国家明确推广的技术，如分布式能源系统、分布式光伏系统、高强钢筋等，以及具有一定前瞻性，经江苏实践可行的技术，如地下综合管廊、立体绿化、产业化建造纳入鼓励推广范围，提升江苏绿色发展的技术集成应用水平。

3.3.4 回应社会关注的热点问题

为了减轻企业和百姓经济负担，《江苏省绿色建筑发展条例》确立了外墙保温层不计入房屋建筑面积，采用地热能供暖的居住建筑项目运行电价参照居民用电价格执行等政策，使企业和百姓直接受益，符合以人为本、关注民生的立法导向。

3.4 实施效果

2018年，为了解《江苏省绿色建筑发展条例》实施3年以来的实际效果，省住房城乡建设厅启动了立法后评估工作。在对全省房地产开发、设计、施工、监理、物业服务、绿色建筑咨询服务等单位进行抽样调研后，形成初步结论如下：

（1）97.0%的调研对象知晓《江苏省绿色建筑发展条例》，其中75.0%的对象了解《江苏省绿色建筑发展条例》的具体内容。

（2）88.0%的调研对象认为《江苏省绿色建筑发展条例》实施以来取得了较好效果，一半以上调研对象认为效果显著，有力推动了绿色建筑发展。

（3）超过90.0%的调研对象反映《江苏省绿色建筑发展条例》实施后，所在地区新建项目普遍达到了一星级绿色建筑标准；使用国有资金投资或者国家融资的大型公共建筑达到了二星级以上绿色建筑标准要求。

（4）72.8%的调研对象表示所在地区已将绿色建筑星级等指标纳入规划设计要点，71.5%的调研对象反映所在地区政府部门对在绿色建筑工作中显著成绩的单位或个人给予了表彰和奖励，78.5%的调研对象参加过主管部门或行业协会组织的绿色建筑政策、技术培训。

抽样调研也发现了《江苏省绿色建筑发展条例》实施后存在的一些问题：62.4%的调研对象认为绿色建筑新技术推广应用存在难度；44.0%的调研对象认为可以进一步优化绿色建筑标识评价流程，改进评价模式。

第 4 章　社　会　氛　围

江苏通过引导社会各界树立绿色发展理念，为绿色建筑发展提供了持续动力来源。通过打造行业交流平台、广泛开展社会宣传、推进深入交流合作等一系列举措，促进了绿色建筑理念落地生根，为绿色建筑深入发展营造了良好的社会氛围。

4.1　打造行业交流平台

2008～2018 年期间，江苏已连续举办了 11 届“江苏省绿色建筑发展大会”，围绕绿色建筑主题，内涵日益丰富拓展，吸引了众多业内知名专家学者、企业代表参会，得到了国内外政府部门、权威科研机构的支持，成为江苏传播绿色建筑发展理念、展示绿色建筑风采的重要窗口。

2015 年以来，江苏省绿色建筑发展大会分别以“全面推进绿色建筑，大力促进绿色建筑产业发展”“创新绿色建筑发展，彰显当代建筑文化”“聚力绿色建筑创新，提升人居环境品质”和“顺应新时代要求，推动绿色建筑高质量发展”为主题，不断创新会议组织形式，丰富会议内容，大会参会人数已逾千人。除了主旨报告、分议题交流等传统形式外，增设专家对话等互动形式和成果发布、颁奖、各类启动仪式等环节，增强了会议的吸引力和关注度。第十一届江苏省绿色建筑发展大会期间，省住房城乡建设厅与省科技厅还共同举办了“绿色建筑高质量发展科技创新报告会”，获得了业内人士一致好评（图 2-4-1），大会同期开展了 13 个专题活动，以学术报告、技术研讨等形式，聚焦绿色建筑高质量发展、装配式建筑技术创新等议题。

图 2-4-1　第十一届江苏省绿色建筑发展大会会议现场

4.2　广泛开展社会宣传

江苏每年结合全国节能宣传周同期开展绿色建筑宣传。2015 年以来，分别以“节能有道，节俭有德”“节能有我，绿色共享”“共创绿色建筑新时代，共享绿色生活新方式”等主题开展活动，通过在公共场所设立宣传展位、发放绿色建筑宣传册、在各类媒体发布节能减排和绿色建筑相关科普知识等方式，宣传绿色低碳理念，引导全社会参与节能降耗活动，践行绿色生活方式。

2018 年在宣传周期间，省住房城乡建设厅在《中国建设报》上发表专栏文章，以“从理念到实践 步履不停的绿色追求——江苏绿色建筑发展的系统化探索”为题，总结了近年来江苏从建筑节能、可再生能源应用、绿色建筑、节约型城乡建设到绿色生态城区的渐进实践。同时，在“绿色智慧建筑”微信公众号上，以“节能宣传周 江苏在行动”为主题对绿色生态城区、装配式建筑和成品住房、能效测评标识等工作进行了宣传。通过线上线下联动，向全社会传播节能减排、绿色低碳的理念与行动（图 2-4-2、图 2-4-3）。

2017 年省住房城乡建设厅科技发展中心开设了“绿色智慧建筑”“绿色生态城”两个微信公众号，围绕绿色建筑、绿色城区、智慧城市、未来建筑、建筑产业现代化政策和技术进行宣传发布。截至 2018 年末，关注人数达 1.6 万，发布各类行业新闻超过 400 条，成为江苏宣传绿色建筑工作的重要载体。

图 2-4-2　现场宣传

绿色智慧建筑

围绕绿色建筑、智慧城市、未来屋、建筑产业现代化政策、技术宣传交流

发消息

江苏在行动丨节能宣传周系列四：搭积木？盖房子！装配式建筑了解下~
2018年6月15日

江苏在行动丨节能宣传周系列三：想知道您的房子能为您省钱吗？
2018年6月14日

江苏在行动丨节能宣传周系列二：未来新宠——装配式装修
2018年6月13日

江苏在行动丨节能宣传周系列一：从绿色建筑走向绿色生态城区
2018年6月11日

江苏省启动超低能耗被动式建筑技术研究！
2018年5月31日

图 2-4-3　媒体宣传

4.3　推进科普展馆建设

各地围绕绿色建筑、绿色生态城区、低碳智慧发展等主题建设了内容丰富、形式多样的展陈场所。目前，全省已建设绿色生态类博览园、主题展馆和展示中心 14 处（表 2-4-1）。

江苏绿色建筑主题展馆一览表　　**表 2-4-1**

序号	地区	展馆名称	展陈面积（m^2）	建成时间
1	苏州	苏州太湖新城规划展示馆	1000	2012 年 12 月
2	盐城	盐城市低碳社区体验展示中心	2000	2013 年 5 月
3	南京	江苏省绿色建筑与生态智慧城区展示中心	3000	2013 年 6 月
4	无锡	绿色智慧太湖新城展示中心	1700	2014 年 10 月
5	常州	江苏城乡建设职业学院绿色校园展示中心	244	2015 年 10 月
6	常州	江苏省绿色建筑博览园	86710	2015 年 11 月
7	常州	武进绿色建筑产业全景展示馆	2400	2015 年 11 月
8	无锡	宜兴市绿色建筑和新型建材展示馆	300	2017 年 1 月
9	苏州	太仓市规划展示馆	200	2017 年 4 月
10	常州	常州金融商务区绿色建筑展示馆	200	2017 年 6 月
11	苏州	苏州高新区绿色建筑示范区专题展厅	300	2017 年 11 月
12	淮安	淮安生态新城规划展示馆	1700	2017 年 12 月
13	镇江	镇江市海绵展示馆	500	2018 年 6 月
14	常州	常州新北区绿色建筑展示馆	300	2018 年 11 月

江苏省绿色建筑与生态智慧城区展示中心坐落于南京河西新城区（图 2-4-4），由

图 2-4-4 江苏省绿色建筑与生态智慧城区展示中心实景

省住房城乡建设厅与南京河西新城区开发建设指挥部共建，2013 年 6 月揭牌。该中心本身就是三星级绿色建筑，屋顶使用可拆卸钢结构单元模块，采用装配式方式建造，内设生态城市、绿色建筑、智慧城市与美丽家园四大展厅，集中展示了近年来江苏绿色建筑、绿色生态城区及河西新城的建设成果。该中心面向全社会开放，参观者除了通过展板、模型了解绿色生态理念技术，也可亲自体验公共自行车、节能灯具、围护结构、智能系统等展品使用效果。2015 年以来共接待近 400 批团体参观，累计参观人数达数万人。展示中心还利用互联网技术搭建了虚拟展示平台，无法现场参观的民众可以在网上观展，有效拓展了展馆的宣传辐射能力。

江苏省绿色建筑博览园坐落于常州市武进区，是国内首个绿色建筑主题公园（图 2-4-5）。博览园利用高压走廊下的闲置空间建设，围绕绿色生态先进理念、技术和重点产品的集成应用，建成了 5 个主题园区和 3 个绿色建筑组团，打造了绿色园区、海绵园区，使这片城市废弃地重获生机。博览园集成了无线专网、信息化平台系统、智能监测传感系统等软硬件设备，不但能展示园内各项绿色生态技术，而且可实时监测园内各建筑室内外环境、能耗、水耗、可再生能源等系统数据并形成数据库，通过数据查询、分析和处理，为园区智慧运营提供数据支持和帮助，另外，基于移动端 APP 实现了覆盖园区的智能导览功能。博览园将教学实践和科普体验结合，是浙江大学、南京大学、东南大学、南京工业大学教学实践基地，也是江苏省科普教育基地。博览园建设运营机制灵活，政、产、学、研、用等机构协同推进，开园以来，累计接待了数百个参观团，吸引了数万名慕名而来的参观考察者，实现了绿色建筑可体验、可感知，得到了社会各界高度评价。

图 2-4-5　江苏省绿色建筑博览园实景

4.4　重视国际交流合作

江苏与法国、荷兰、德国、芬兰、加拿大等国的相关机构在绿色建筑和生态城市发展领域积极开展交流合作，拓宽了从业人员的视野，提升了绿色建筑项目实践的国际化水平。

2015 年，省住房城乡建设厅科技发展中心同法国环境与能源控制署（ADEME）签订了合作协议。

2016 年，省住房城乡建设厅与加拿大不列颠哥伦比亚省林业土地与自然资源厅、加拿大木业协会（CW）在镇江举办了现代木结构建筑技术应用与发展研讨会。

2016 年，省住房城乡建设厅科技发展中心与荷兰中国经济贸易促进会（DCTEPA）就绿色生态城区和海绵城市建设等方面达成合作意向。

2016 年，省住房城乡建设厅科技发展中心与德国国际合作机构（GIZ）共同开展既有城区低碳改造技术交流合作，并在第九届江苏省绿色建筑发展大会上联合举办了中德区域能源分论坛。

2016 年，省住房城乡建设厅科技发展中心与芬兰驻华大使馆在第九届江苏省绿色建筑发展大会上联合举办了室内环境质量分论坛，就室内环境品质改善与提升问题开展了学术交流。

2018 年，省住房城乡建设厅科技发展中心与德国国际合作机构共同发布了《江苏省城市区域能源低碳发展指南——借鉴德国低碳社区经验》。该指南借鉴德国区域能源规划经验，结合江苏地方特点，提出区域能源规划的实施战略。

为推动形成绿色发展方式和生活方式，深化绿色建筑国际交流合作，共商共建共享新时代绿色建筑发展新未来，2017 年 12 月，省住房城乡建设厅科技发展中心和江苏省建筑科学研究院等单位倡议成立“国际绿色建筑联盟”。联盟得到了一批国外绿色建筑机构的大力支持（表 2-4-2），中国工程院院士缪昌文任联盟主席，多家国内外知名单位参加。

联盟首批支持单位　　表 2-4-2

序号	国家	机构名称
1	法国	法国环境与能源控制署
2	德国	德国国际合作机构
3	德国	德国可持续建筑委员会
4	美国	美国绿色建筑委员会
5	英国	英国建筑研究院
6	加拿大	加拿大木业协会

联盟广泛吸纳国内外著名高校、科研机构、知名企业、相关组织和个人代表（表 2-4-3），以降低城市碳排放、改善人居环境为愿景，立足绿色建筑和生态城市建设领域，在城市规划、设计、建造、运行管理和技术研发、设备生产等领域开展交流合作。

联盟首批成员单位　　表 2-4-3

序号	国家	机构名称
1	德国	巴斯夫（中国）有限公司
2	美国	陶氏化学（中国）投资有限公司
3	中国	中建科技集团有限公司
4	中国	江苏新城地产股份有限公司
5	中国	南京安居建设集团
6	中国	朗诗集团股份有限公司
7	中国	中衡设计集团股份有限公司
8	中国	启迪设计集团股份有限公司
9	中国	南京长江都市建筑设计股份有限公司
10	中国	南京丰盛产业控股集团有限公司
11	中国	南通三建控股（集团）有限公司
12	中国	南京大地建设集团有限责任公司
13	中国	徐州工程机械集团有限公司

成立以来，联盟已经逐步成为业内具有影响力的交流合作平台、工程应用平台和信息传播平台，为实现绿色建筑理念相通、人才流通、标准联通、产业畅通做出了卓有成效的工作。

第3篇　科技支撑篇

2015年以来，江苏积极借鉴国内外先进经验，持续开展科技研发，攻克一批技术难题，突破阶段性发展瓶颈；梳理总结行业科研成果，编制具有地方特色的工程建设标准，夯实技术保障，充分发挥了标准对规范绿色建筑市场行为、保障绿色建筑工程质量、促进绿色建筑技术进步的重要作用。

本篇重点介绍江苏绿色建筑发展中的科技支撑工作，主要是在课题研究、标准编制、平台载体建设等方面开展的工作和取得的成果。篇首特邀国家杰出青年科学基金获得者、清华大学教授林波荣撰写《我国绿色建筑运行性能后评估研究》一文，既展现了我国绿色建筑科研工作的最新进展，又展望了绿色建筑后评估的发展方向。

学者之言

我国绿色建筑运行性能后评估研究

林波荣

中国绿色建筑在发展过程中存在收效不显著的问题，运行效果低于设计预期，尤其节能和环境品质提升目标无法在建筑运行维护过程中得到有效贯彻，使得行业内外对绿色建筑可能产生的红利效果存在质疑。造成上述问题的主要原因是绿色建筑在过去的发展过程中重设计、轻运行，绿色建筑评价体系对于建筑使用后的运行效果缺乏定量化、长期、系统的动态评价，再加上相关检测仪器和设备昂贵、技术方法单一，我国绿色建筑实际运行性能基础数据收集困难，无法向社会显示绿色建筑产生的社会、经济和民生效益，制约了我国绿色建筑规模化健康可持续发展。

为解决上述瓶颈，国家“十三五”重点科技专项“绿色建筑及建筑工业化”领域设立了“基于实际运行效果的绿色建筑性能后评估方法研究与应用”项目（以下简称“项目”）。

1. 项目概况

项目以我国绿色建筑实际运行性能基础数据数量少、质量差、运行效果不明晰、评估体系不完善等问题为导向，针对绿色建筑实际运行效果开展大规模、长周期、全类型覆盖的性能数据测试研究和使用者满意度调研，研发新的数据获取和建筑绿色性能控制优化技术，建立基于实际运行数据的绿色建筑性能后评估方法、能耗和环境质量等参数的基准线以及后评估技术标准体系，反馈于建筑设计、施工和运行，同时完成100项绿色建筑实际性能的测试和100项绿色建筑项目的运行性能评估再提升（简称为“双百工程”），最终为全面提升绿色建筑运行能效、环境品质与用户满意度提供理论依据和技术支撑。

2. 现阶段重要成果

（1）绿色建筑运行性能数据库构建

项目基于自主研发的无线、多环境参数的云端智能环境采集系统，对全国各区域各类型绿色建筑开展了调研与测试工作，利用分布式数据库或以Hadoop为代表的分布式计算框架，实现了调研和监测数据信息的高效存储、快速查询与有效利用，构建了囊括建筑基本信息、客观物理参数与用户主观评价、行为、能耗等数据的绿色建筑整体性能数据库及反馈云平台，实现了百余栋绿色建筑数据信息的智能管理与分析。

与其他同类研究的数据库相比，本数据库在建筑数量、数据质量和全面性方面均体现出了优势。

绿色建筑性能数据库比较分析 **表 3-0-1**

文献	年份	国家或地区	调研建筑数量	数据详细程度
Fowler et al.	2008	美国	12 栋	绝大多数研究仅分析了建筑年总能耗数据，无分项、无逐月/逐日能耗； 大多数研究仅关注能耗数据，少数研究抽样采集了室内环境数据及问卷
Baylon et al.	2008	美国	51 栋	
Turner et al.	2008	美国	121 栋	
Newsham et al.	2009	加拿大、美国	100 栋	
Brown et al.	2010	英国	300 栋	
Diamond et al.	2011	美国	21 栋	
CNT	2011	美国	25 栋	
Scofield et al.	2013	美国	953 栋	
Li et al.	2014	美国、欧洲、中国	51 栋	
Lin et al.	2016	中国	31 栋	
Jing et al.	2017	中国香港地区	30 栋	
Chen et al.	2018	中国	195 栋	
项目	2016 ~ 2018	中国	103 栋	持续监测室内环境数据，收集逐月/逐日能耗，多频次开展问卷调研

（2）绿色建筑运行性能特征分析

基于大规模的整体性能监测数据，全面分析了我国绿色建筑性能现状及特征规律，并完成了国内外对比研究。以下以我国办公绿色建筑为例进行介绍。

1）运行能耗

我国夏热冬冷地区的绿色办公建筑性能最好，A 类建筑能耗显著低于《民用建筑能耗标准》GB/T 51161—2016 的约束值，约为引导值的 90%；B 类建筑为约束值的 77% 左右；其余气候区的绿色办公建筑的能耗水平接近或略低于标准中的约束值（图3-0-1）。

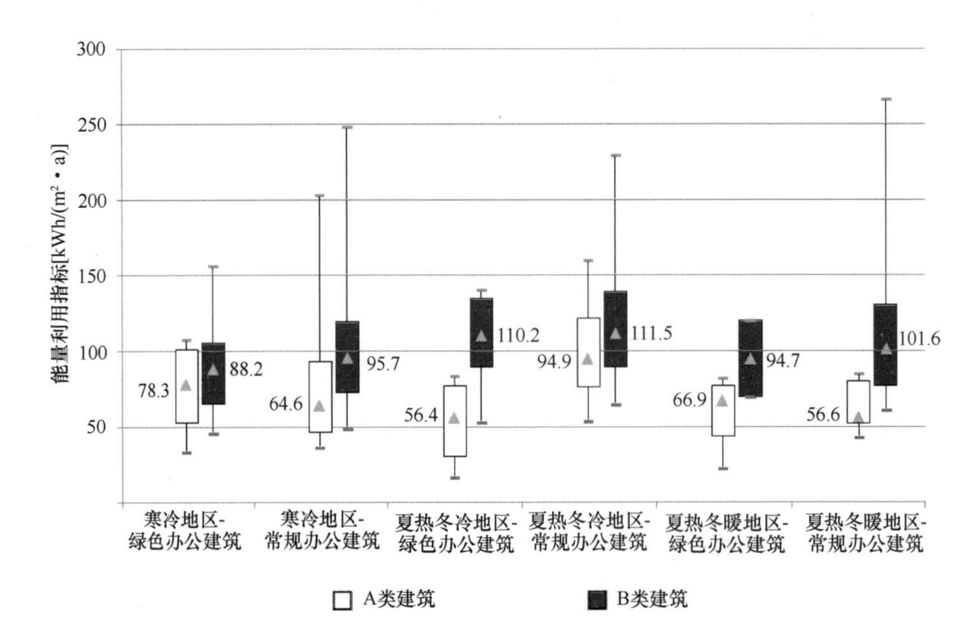

注：根据《民用建筑能耗标准》GB/T 51161—2016，A类公共建筑是指：可通过开启外窗方式利用自然通风达到室内温度舒适度要求，从而减少空调系统运行时间，减少能源消耗的公共建筑；B类公共建筑：因建筑功能、规模等限制或受建筑物所在周边环境的制约，不能通过开启外窗方式利用自然通风，而需常年依靠机械通风和空调系统维持室内温度舒适要求的公共建筑

图3-0-1　不同气候区中绿色办公与常规办公建筑的实际电耗对比分析

将结果与美国LEED、日本CASBEE和新加坡Green Mark办公建筑实际运行能耗对比研究发现，我国绿色办公建筑能耗要显著低于美国、新加坡、日本等国家。其中，美国绿色办公建筑能耗是我国绿色办公建筑能耗的2.5倍；同等气候区下，我国夏热冬冷地区二星级绿色办公建筑能耗是日本CASBEE的A级绿色建筑能耗的40%，三星级约为CASBEE建筑S级能耗的50%；我国夏热冬暖地区A类绿色建筑能耗约为新加坡绿色建筑能耗的25%，B类建筑能耗约为新加坡绿色建筑能耗的50%，具体见图3-0-2。

2）室内环境

在夏季，各气候区绿色建筑室内热环境相差不大，而在冬季和过渡季，寒冷地区室内温度显著高于、相对湿度显著低于夏热冬冷和夏热冬暖地区（图3-0-3）。此外，发现在冬季，夏热冬冷地区室温过低情况较多，寒冷地区过量供热最为明显。

在空气品质方面，我国绿色办公建筑室内CO_2浓度远低于1000ppm的标准限值，甚至大多时候低于600ppm，室内新风量充足（图3-0-4）。对于室内$PM_{2.5}$浓度，夏热冬暖地区绿色办公建筑呈现较优，整体低于35μg/m³；寒冷地区和夏热冬冷地区整体可低于75μg/m³，但与35μg/m³的绿色建筑标准要求还有一定差距（图3-0-5）。

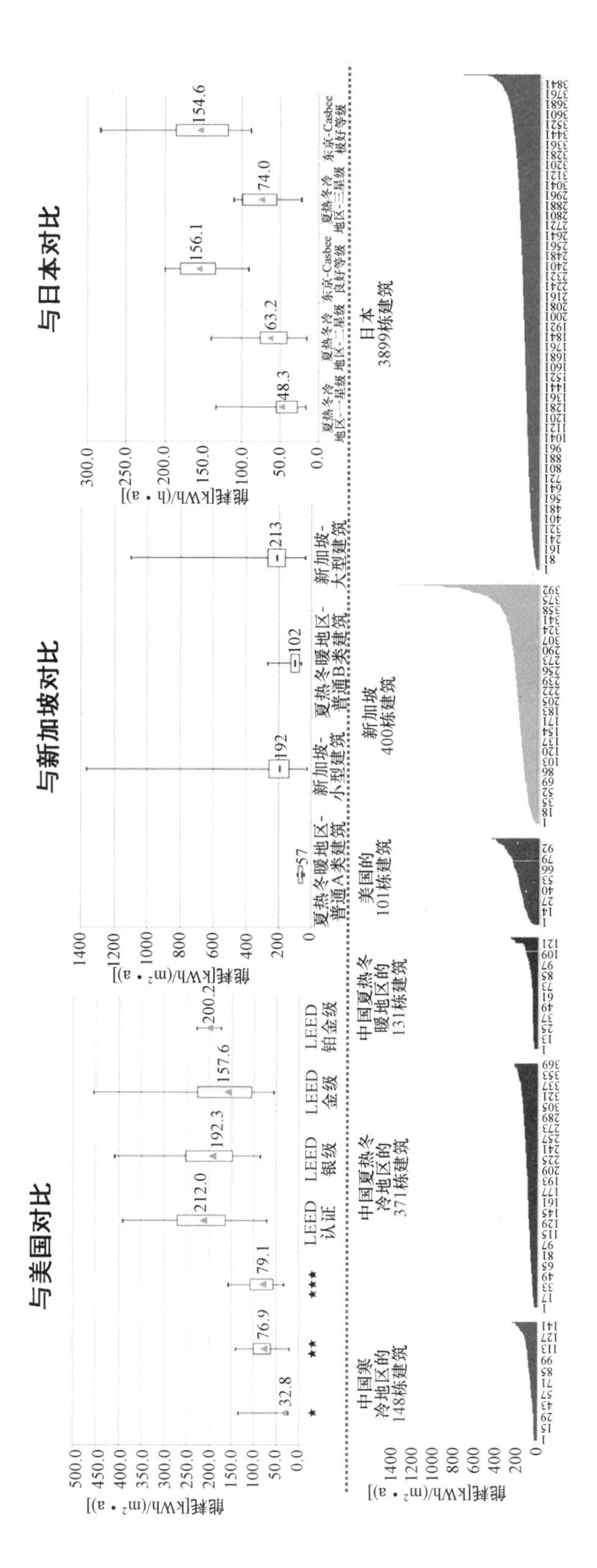

图 3-0-2 国内外绿色办公建筑实际能耗对比

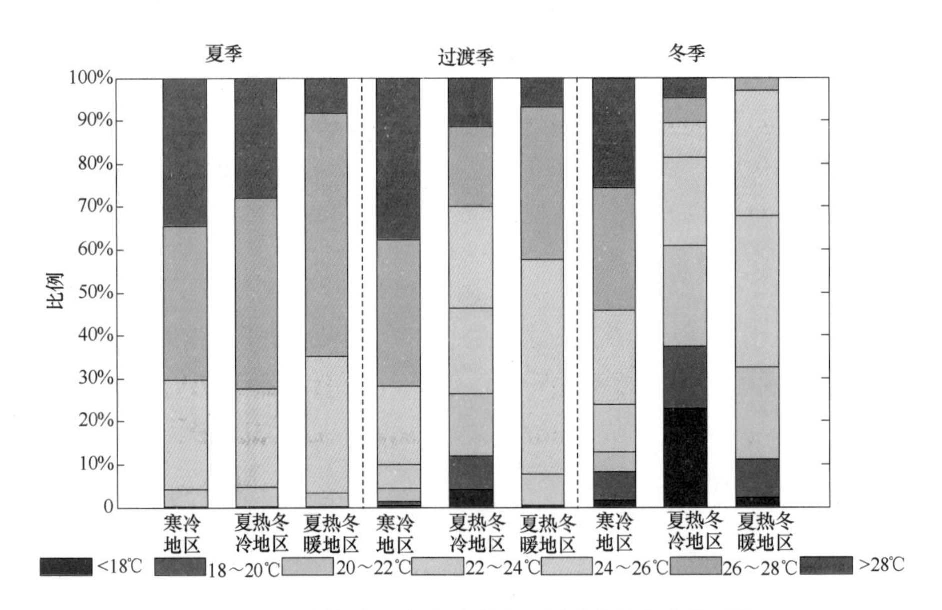

图 3-0-3 不同气候区绿色建筑在不同季节的室内热环境

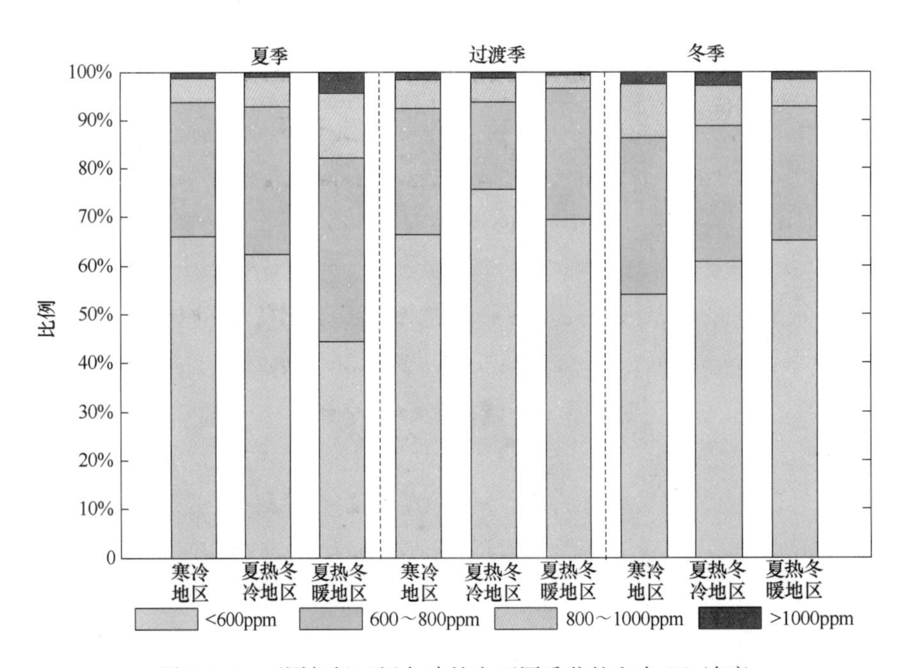

图 3-0-4 不同气候区绿色建筑在不同季节的室内 CO_2浓度

3）用户满意度

通过不同气候区4086个用户满意度对比及统计显著性分析发现，与同类常规建筑相比，我国绿色建筑用户无论对室内单项IEQ环境还是整体环境均表现出更高的满意度（图3-0-6）。此外，与美国LEED建筑、英国BREEAM建筑的比较分析显示，LEED和BREEAM认证对建筑整体的满意度和大多数IEQ参数的影响没有我国三星认证的影

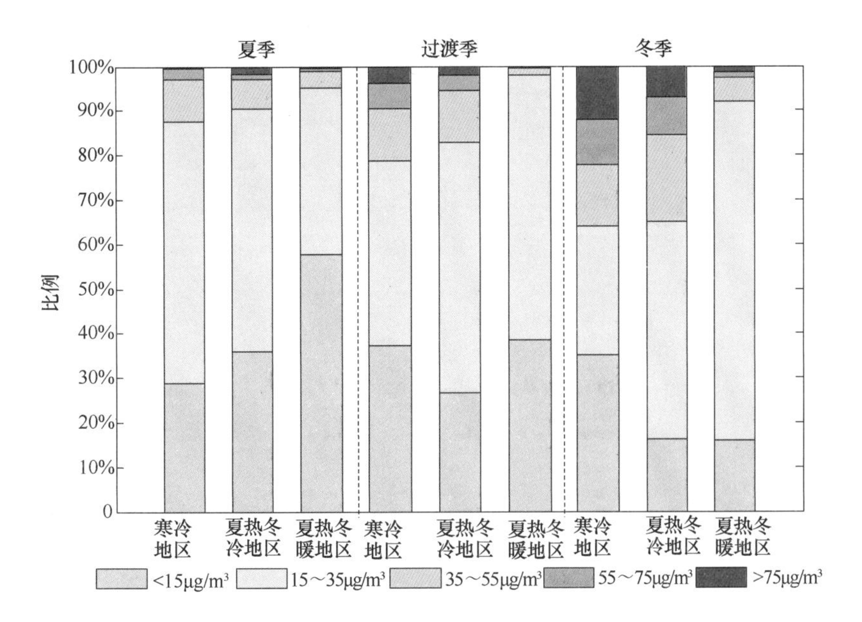

图 3-0-5　不同气候区绿色建筑在不同季节的室内 $PM_{2.5}$ 浓度

响显著，这一现象可能是各国常规建筑与绿色建筑性能水平之间的差异度和使用者期望值不同所致❶。

（3）绿色建筑运行性能评价方法

基于绿色建筑运行性能数据分析，确立了绿色建筑能耗、水耗及环境基准线的制定方法，包括：①通过有限绿色建筑样本数据的统计分析发现定量规律，结合典型建筑模型的能耗训练，以此确定绿色建筑能耗基准线量值区间；②确立了基于分项节水设计定额的绿色建筑节水情景模型与基准情景模型进行对比的绿色建筑水耗基准制定方法；③明确了基于“标准对标法＋实测数据分析法”的绿色建筑环境基准制定方法。

提出了考虑使用者行为影响的 Q/L（环境负荷/环境质量）性能后评估方法，建立了绿色建筑性能后评估指标体系，构建了以霍尔三维结构理论为基础的绿色建筑性能后评估标准体系，已完成《绿色建筑运营后评估标准》报批稿。

（4）基于有限数据的能耗诊断方法

基于多参数回归模型，创新性地提出了一种低成本、高效率的绿色建筑能耗诊断模型（图 3-0-7），通过建立一年中建筑能耗与室外空气温度（焓值）的关联模型，对建筑能耗由浅入深进行层层剖析，发现建筑能耗变化的基本特征，找到关键节能点，进而用于绿色建筑的节能优化改造。此外，该模式还可以用于模拟能耗与实测能耗之间的校正，缩小绿色建筑能耗的性能差异（Performance Gap），通过把模拟与实测数据分别回

❶ *Building and Environment*（Liu, Y., Wang, Z., Lin, B., Zhu, Y. 2018, 172, 181-191, IF = 4.464）.

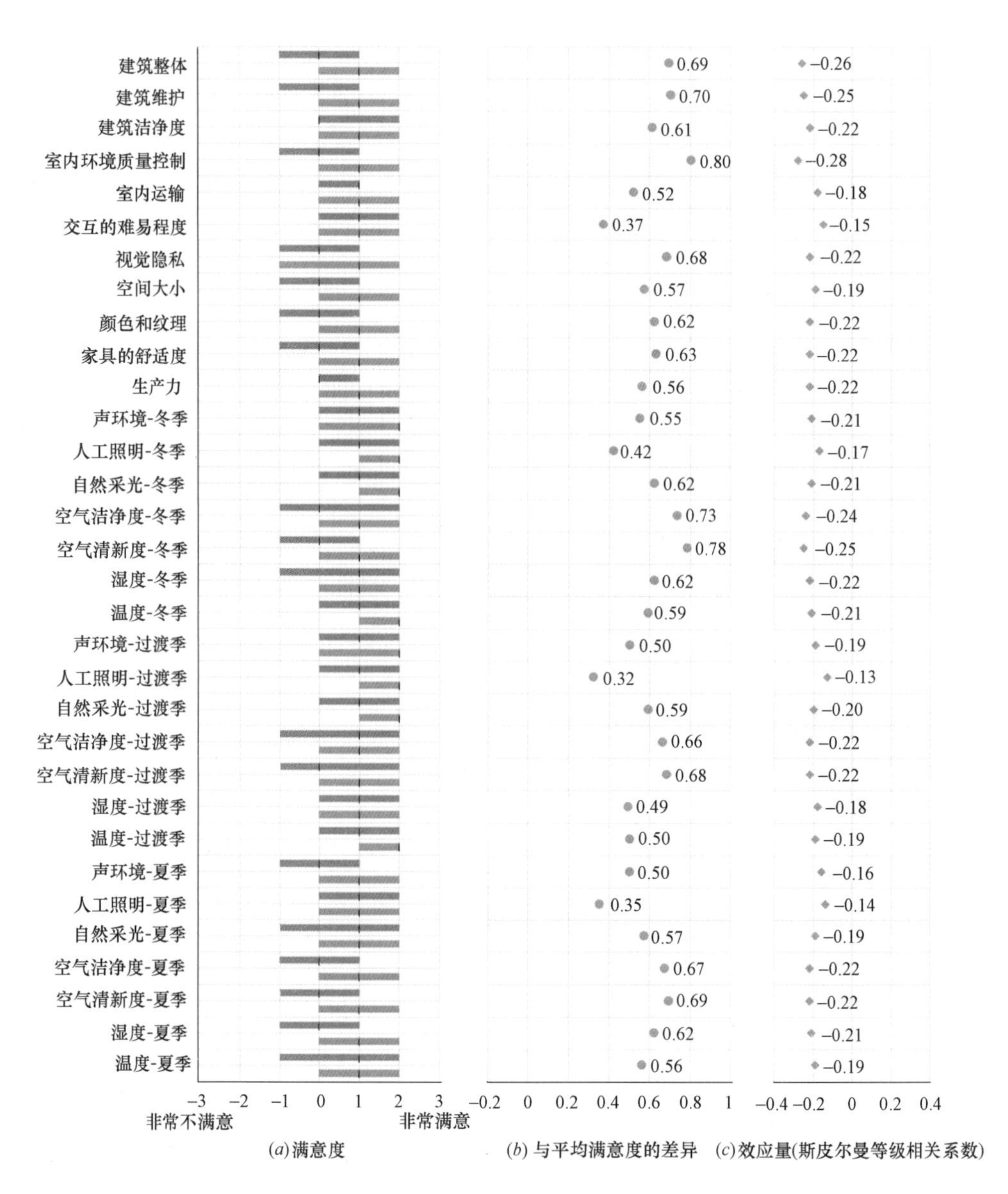

图 3-0-6　我国绿色建筑用户环境满意度

归拟合的结果进行对比，找出两者出现差异的主要参数，进而了解建筑在实际运行阶段的哪些参数与设计出现了偏差[1]。

通过对天津某办公建筑的案例研究，做出了以下的能耗诊断结果：

1）实际能耗的基础能耗（Baseload）低于模拟能耗的 Baseload。原因初步诊断：实际测试的照明、设备系统的功率密度比模拟设定的参数值低，或实际测试时照明以及设备系统的使用时间较少。通过实际功率密度和作息的调研，可以验证诊断结论，并定量

---

[1] *Energy and Buildings*（Geng，Y.，Ji，W.，Lin，B.，Hong，J.，Zhu，Y. 2018，IF＝4.457）.

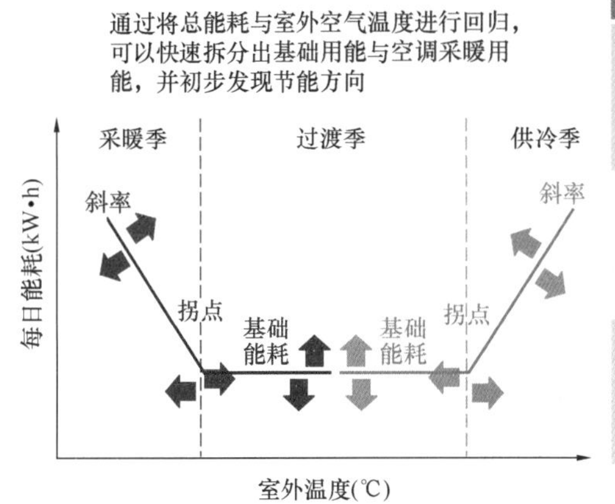

模型参数	物理意义	对应实际建筑中的物理量
基础能耗	一年中与室外气候无关的能耗	反映照明、设备、电梯等建筑基础用能系统，此类系统用能主要由使用模式决定，能耗特征与室外气候基本无关
斜率	建筑能耗随室外温度变化的情况	此部分能耗变化主要由于建筑供冷采暖所产生，因此主要和建筑冷热负荷及空调采暖系统的运行效率有关
拐点	建筑能耗是否受外温影响的拐点	可以反映建筑在什么时候开始供冷采暖，与系统开启设定温度直接相关，同时也与室内负荷、围护结构等相关

图 3-0-7　基于有限数据的建筑能耗诊断模型

地确定差异大小。如图 3-0-8 所示。

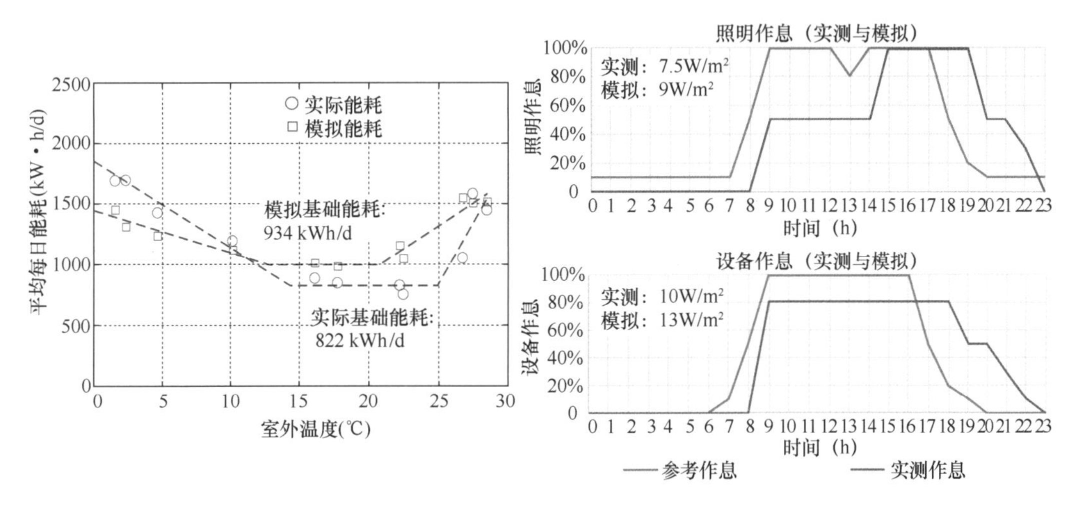

图 3-0-8　差异 1（Baseload）及原因诊断

2）实际能耗与模拟能耗拐点（Change Point）对应的室外温度存在差异（图 3-0-9）。原因初步诊断：实测与模拟的全年空调系统运行时间表存在差异。通过调研发现，该建筑在 6 月中上旬和 9 月都采用的是自然通风和免费供冷技术（Free Cooling），不开冷机，夏季只有 2 个月左右的时间是用地源热泵供冷。这与模拟时参考模式的设定存在很大不同。

3）模拟能耗的斜率（Slope）要小于实际能耗的斜率（Slope）（图 3-0-10）。原因初步诊断：空调采暖系统的能效，经过对空调系统在夏季典型周的能效测试，可以发现实际运行时存在负荷率过低的情况，导致平均运行下来的系统能效不佳。

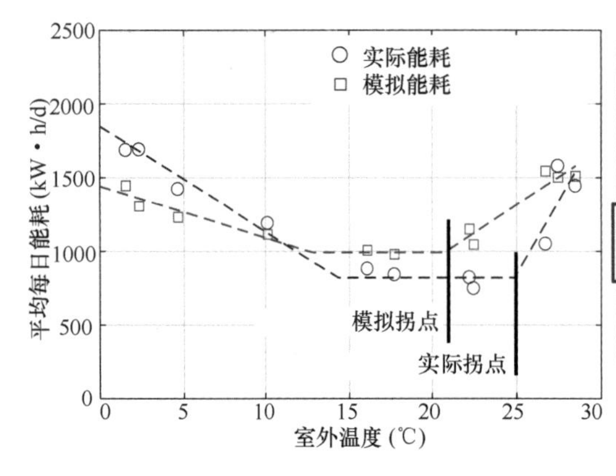

实际的全年运行策略与运行时间

季节	日期	天数	策略
过渡季	9月1日～10月20日 4月1日～6月19日	130	自然通风
			自然通风+吊扇
			免费供冷
夏季	6月20日～8月31日	73	A+B机组 +夜间及周末免费供冷
冬季	10月21日～11月15日	26	B机组
	11月16日～3月31日	137	A+B机组

然而，能耗模拟时按照参考模式设定的夏季空调运行时间是从6月1日～9月30日

图 3-0-9　差异 2（Change Point）及原因诊断

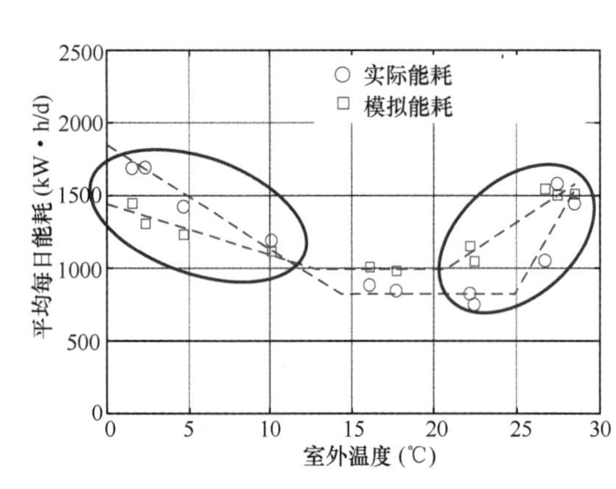

空调系统实际运行时存在负荷率过低的情况，导致系统能效不佳

平均性能系数=4.51
部分负荷率=51%

部分负荷比

指标	整个供冷季的性能	基准
整个暖通空调系统的能效比	3.58	—
制冷设备的能效比	2.80	≥3.8
地源热泵能效比	4.79	≥4.2
冷冻水系统的能效比	29.86	≥30
冷却水系统的能效比	58.07	≥25
末端设备的能效比	18.87	≥24(FCU)

图 3-0-10　差异 3（Slope）及原因诊断

（5）绿色建筑运行性能优化提升方法和实践

区别以往客观环境测试与主观问卷调研相互独立的弊端，采用 Right-Here-Right-Now 研究方法，开展了用户满意度评价与环境参数监测结果之间的一一对应的关联性研究。并且，探究了能耗、室内环境与用户满意度之间的关系，探究了“能耗-室内环境品质-用户满意度”的相互作用机理。

以苏州某办公楼为例，研究了空调能耗与热环境的关系（图 3-0-11、图 3-0-12），主要发现：

1）夏季（7～8 月）表现出“高能耗、高环境品质”的特征，具体为：空调系统能耗最高，但同时室内热环境达标率也高（90% 以上）；

2）过渡季（10 月）表现出“低能耗、中环境品质”的特征，具体为：空调系统基本不运行，但室内环境也不差，达标率 > 70%；

3）冬季（12 月）表现出“高能耗、低环境品质”的特征，具体为：空调系统能耗较高，但热环境达标率不足 50%（存在过热），说明存在着很大的优化空间。

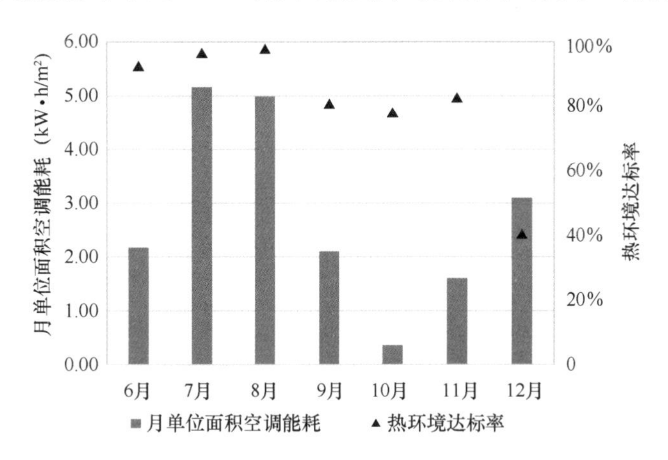

图 3-0-11　苏州某办公楼逐月空调能耗与热环境综合分析

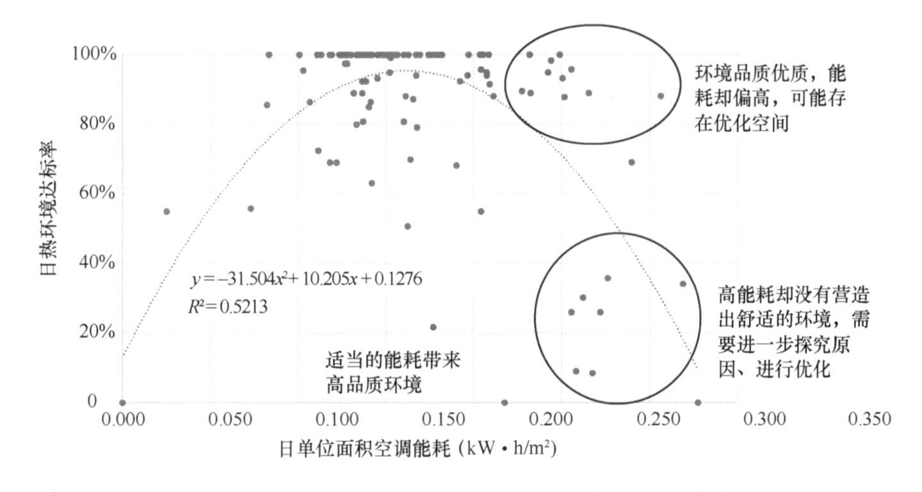

图 3-0-12　苏州某办公楼逐日空调能耗与热环境综合分析

基于能耗诊断模型和整体性能关联性分析，提出了绿色建筑整体性能优化技术方法，研发了低成本的性能优化提升策略，并在工程中进行并实现了建筑室内环境与能耗的同步优化。目前共计完成了 60 余栋高性能绿色建筑案例的测试、诊断和优化。

（6）绿色建筑设计阶段性能优化研究

针对绿色建筑设计阶段的性能准确性预测和技术适应性选取开展了研究，初步提出了性能差异机理定量模型及缩小能耗差异的策略，建立了多层级多维度绿色建筑节能技术适应性评价体系及评价工具，形成了《绿色建筑适应性技术成本效益分级方法》和《绿色建筑节能技术适应性导则》，以此指导绿色建筑设计阶段的性能优化。

3. 结论与展望

增强建筑的用户获得感、实现绿色建筑高品质发展，是提升绿色建筑的市场吸引力、提高开发商绿色建筑开发意愿的根本动力。本文基于国家重点专项项目“基于实际运行效果的绿色建筑性能后评估方法研究与应用”（项目编号：2016YFC0700100）研究成果，全面揭示了我国绿色建筑在节能与室内环境品质方面的实际性能，以及介绍了其在绿色建筑评价体系、性能提升技术路径和实践方面的发展现状和研究动态。其成果可为我国绿色建筑实现规模化、高质量发展提供重要的基础理论和技术支撑。

绿色建筑市场目前已进入快速发展时期，政府工作重点已从“量”的积累转向“质”的引导。我国必须加快建立政府引导为辅、市场发展为主的绿色建筑后评估长效机制。通过制定后评估标准化流程，建立绿色建筑后评估 GIS 大数据平台/信息系统，加强市场化推广，从消费领域推动绿色建筑后评估及运行性能信息开放体系。

第1章 科 学 研 究

2015年以来，江苏认真落实国家中长期科学和技术发展规划纲要，一方面依托省内高校、科研院所的科技力量，参与“绿色建筑与建筑工业化”等“十三五”国家重点专项来提升江苏绿色建筑科研水平；另一方面瞄准城乡建设发展需要，结合江苏绿色建筑发展实际状况，在绿色生态城区规划、绿色建筑设计理论方法、超低能耗（被动式）建筑技术体系、既有建筑绿色改造、绿色建筑精细化设计、分布式能源、农村建筑能源综合利用模式、绿色施工、建筑室内健康环境、绿色建筑后评估等绿色建筑关键领域开展针对性研究，进一步丰富江苏绿色建筑科研成果。

限于篇幅，本书难于将所有科研工作全部呈现，主要选取了2015年后立项的部分有代表性的科研项目进行介绍。

1.1 省部级科研项目

2015年以来，江苏省科研机构获批承担了13项省部级绿色建筑科研项目，包括10项“十三五”国家重点研发计划和3项国家自然科学基金委项目（表3-1-1）。

2015～2018年江苏省科研机构申报获批的省部级科研项目　　表3-1-1

序号	项目名称	项目来源	立项时间	主要承担单位	主要内容
1	“绿色建筑及建筑工业化”重点专项：基于实际运行效果的绿色建筑性能后评估方法及应用示范——绿色建筑实际性能与设计预期差异机理研究	“十三五”国家重点研发计划	2016	东南大学、江苏省住房和城乡建设厅科技发展中心、清华大学等	从设计阶段绿色建筑性能定量分析的标准化方法、绿色建筑实际性能与设计预期差异的产生机理、基于实际运行状态的绿色建筑设计预期模型的动态校正、缩小绿色建筑实际性能与设计预期差异的技术策略四个方面展开研究。研究内容侧重于绿色建筑的设计阶段并兼顾实际运行，形成的缩小差异的技术策略将反馈至设计，用以提升绿色建筑的性能设计预期水平并支撑高性能绿色建筑的设计

续表

序号	项目名称	项目来源	立项时间	主要承担单位	主要内容
2	“绿色建筑及建筑工业化”重点专项：既有公共建筑综合性能提升与改造关键技术——既有公共建筑围护结构综合性能提升关键技术研究与示范	“十三五”国家重点研发计划	2016	江苏省建筑科学研究院有限公司、中国建筑科学研究院有限公司	紧密围绕既有公共建筑围护结构性能提升改造的共性及关键技术问题，开展既有公共建筑围护结构性能指标数据库构建与综合评价体系、既有公共建筑围护结构综合性能提升关键技术研究，研发多功能及高效适用围护结构性能提升改造新产品，开展既有公共建筑围护结构综合性能提升改造的工程示范，实现既有公共建筑综合性能提升与人居环境品质的改善
3	“绿色建筑及建筑工业化”重点专项：装配式混凝土工业化建筑技术基础理论——预制夹心保温墙板的热工性能研究	“十三五”国家重点研发计划	2016	江苏省建筑科学研究院有限公司	开展预制混凝土夹心保温墙板热工性能的试验研究，探索整体构造、保温层材料以及厚度等因素对墙板热工性能的影响，建立墙板传热系数计算模型和适用的连接件热桥效应模型；并明确不同节能标准下的建筑对墙板热工参数的要求
4	高校既有校园建筑性能提升与空间长效优化模式研究	国家自然科学基金委员会	2016	东南大学	聚焦高校既有校园建筑性能与空间问题展开研究，提出建筑性能提升与空间长效优化的概念，建立从建筑性能与空间调研、评价、提升与长效优化在内的完整机制与方法，以期切实提升高校校园建筑的使用舒适度及其空间对于不同需求和功能的适应能力，为高校校园建筑的绿色特性提供科学量化，既有现实可操作性又有一定预见性的理论依据
5	优化算法和智能知识库驱动的方案阶段建筑节能设计与技术工具原型研究	国家自然科学基金委员会	2016	东南大学	针对建筑方案阶段节能设计缺乏高效方法和技术的问题，站在建筑设计专业的视角，开展相关研究。包括加强建筑方案设计阶段能耗模拟参数的完备性、支撑建筑方案阶段能耗模拟的知识库建构及数据生成方法、算法驱动的建筑方案阶段节能设计优化技术、技术工具原型开发及应用测试研究

续表

序号	项目名称	项目来源	立项时间	主要承担单位	主要内容
6	“绿色建筑及建筑工业化”重点专项：经济发达地区传承中华建筑文脉的绿色建筑体系——经济发达地区传统建筑文化中的绿色设计理念、方法及其传承研究	“十三五”国家重点研发计划	2017	东南大学	对传统建筑文化中的优秀绿色设计内容进行系统研究，开展传统建筑绿色设计的理论体系、传统建筑的绿色设计方法模型及数据库、绿色建筑设计的相关要素的参数阈值、绿色营建的传承路径与过程控制方法等研究，对发达地区的优秀传统建筑文化进行传承，为我国发达地区建筑绿色设计提供重要基础平台，对发达地区的绿色建筑多样化设计进行指导，为欠发达地区进一步开展绿色建筑设计提供借鉴
7	“绿色建筑及建筑工业化”重点专项：经济发达地区传承中华建筑文脉的绿色建筑体系——长三角地区基于文脉传承的绿色建筑设计方法及关键技术	“十三五”国家重点研发计划重点专项	2017	东南大学	基于长三角地区传承江南建筑文化的绿色建筑设计策略、创作方法、材料构造、意匠技法、空间组织、环境调控、形体塑造等关键技术，开展传承江南文化的绿色建筑创作理论及方法、长三角地区基于气候与地貌特征的绿色建筑营建模式、江南传统绿色营造技艺的传承与发展模式、长三角地区基于文脉传承的绿色建筑设计方法等研究，探索江南传统建筑审美中的“自然观”与现代绿色建筑理论之间的契合与衔接
8	“绿色建筑及建筑工业化”重点专项：经济发达地区传承中华建筑文脉的绿色建筑体系——建筑绿色营建技术指标体系	“十三五”国家重点研发计划	2017	南京大学、江苏省建筑科学研究院有限公司	基于传统建筑文化的基本理念与方法，全面考量近三十年来沿海发达地区通用建筑设计和绿色营建技术。研究以技术的手段传承传统文化、将特色建筑文脉转变为可量化的指标的技术途径。基于传承文脉的理念，开发包含组成材料、构造、性能指标、设计参数等信息构建绿色营建数据库软件。通过软件评估、实验和测试，确定核心技术指标，形成技术体系框架

续表

序号	项目名称	项目来源	立项时间	主要承担单位	主要内容
9	“绿色建筑及建筑工业化”重点专项：绿色公共建筑地域气候适应机理研究——具有气候适应机制的绿色公共建筑设计新方法	“十三五”国家重点研发计划	2017	东南大学	针对我国公共建筑设计中对地域气候条件的响应不足，过于依赖主动式设备，建筑整体空间形态的绿色设计潜力挖掘不足，相关专业之间缺乏协作，系统集成化程度较低等问题，以公共建筑为主要研究对象开展绿色公共建筑设计方法研究，开发影响建筑性能模拟的关键参数筛选及提炼工具，研究性能模拟与建筑空间形态生成工具的数据链接和循环干预技术，创建以地域气候适应为导向，空间形态调节为核心，以动态集成和过程互动为特征的绿色建筑设计新方法
10	“绿色建筑及建筑工业化”重点专项：目标和效果导向的绿色建筑设计原理与方法体系——南方地区高大空间公共建筑绿色设计新方法与技术协同优化	“十三五”国家重点研发计划	2017	东南大学	作为一种环境与能量调控的结构，建筑在营造空间的同时，也在调控空间环境，通过建造形式和空间组织，在气候与生态之间建立平衡，创造适宜的内部环境。建筑的形式决定了内外能量交换的方式，能量的获取与传递也影响建筑的构形，二者相互的影响机制定义了人类建造的基本法则，即“形式的能量法则”。它是长期以来推进建筑学发展的核心驱动力之一，在多个层面赋予建筑形式以秩序，奠定了地域建筑文化中最为恒大的内核
11	“绿色建筑及建筑工业化”重点专项：既有居住建筑宜居改造及功能提升关键技术——小区公用设施集成化改造功能提升关键技术研究	“十三五”国家重点研发计划	2017	江苏省建筑科学研究院有限公司	研究既有住区供热、给水排水、电气等公用设施和管网性能评估方法，对公共设施和管网性能进行综合评价；其次研究住区供热、给水排水、电气等公用设施中设备及居住建筑公共管线集成化改造要点，形成既有住区老旧公用设施和管道快速安装的集成模块化技术

续表

序号	项目名称	项目来源	立项时间	主要承担单位	主要内容
12	“绿色建筑及建筑工业化”重点专项：民用建筑“四节一环保”大数据及数据获取机制构建——大规模数据误差分析及研究方法	“十三五”国家重点研发计划	2018	南京工业大学	针对“四节一环保”大数据准确度存疑的问题，对性质和来源不同的“四节一环保”大数据，建立误差计算模型，区分误差产生的类型，明确不同误差产生的原因和环节，提出改进原则，研究统计渠道获取数据的置信水平和置信区间，达到偏差小于10%的总体要求。从数据的准确性角度提升数据价值，为大数据获取提供质量保障。所形成的大规模数据误差分析方法可用以指导不同类型的采集和统计数据的误差分析与控制，应用于“四节一环保”领域各级各类行业监测平台、大数据管理平台
13	基于价值实现的工业遗产保护与再利用绿色技术路径及其评价体系研究	国家自然科学基金委员会	2018	东南大学	以遗产价值为核心，价值实现为导向来对工业遗产保护利用的全过程进行系统而有针对性的研究，通过绿色保护、绿色策划、绿色设计、绿色利用、绿色营造、绿色管理形成全程绿色保护利用的技术路线，针对其保护利用的各个阶段建立绿色评价体系和技术规范要点；并经由典型工业遗产保护利用项目的实践验证，进而形成“价值实现为目标、科学保护为底线、多元利用为特色、绿色技术为路径、综合评价为工具”五位一体的工业遗产绿色保护利用技术体系

1.2 厅级科研项目

2015年以来，共有9项省级专项资金支持的绿色建筑科研项目通过验收，内容涉及绿色建筑设计、建筑能耗限额、绿色生态城区专项规划与评估等（表3-1-2）。

2015～2018年完成的省级专项资金科研项目　　表3-1-2

序号	项目名称	完成时间	主要完成单位	主要成果
1	江苏省绿色建筑性能设计分析云服务平台建设	2015	江苏省绿色建筑工程技术研究中心、江苏省住房和城乡建设厅科技发展中心	通过深度集成云计算技术与绿色建筑性能模拟计算技术，建成了江苏省首个绿色建筑领域的SaaS服务平台；探索了绿色建筑云服务平台的服务模式，将绿色建筑咨询、模拟计算、标识申报、绿色建材、宣传贯标、会议服务、资料下载等服务内容结合起来，并模拟计算电商化服务模式，创建了一个高扩展性的O2O服务平台
2	江苏省绿色建筑设计和技术标准体系研究	2015	江苏省住房和城乡建设厅科技发展中心、江苏省绿色建筑工程技术研究中心、江苏省建设工程设计施工图审核中心	因地制宜地构建了包含绿色建筑设计标准、方案设计以及施工图审查环节的相关配套技术文件的绿色设计管理体系，为江苏省全面推进绿色建筑工作提供保障。提出绿色建筑设计标准应易于操作、满足一星级要求，设计及施工图审查配套文件应与设计、评价标准有效对接
3	江苏省建筑节能和绿色建筑示范区后评估体系研究	2017	江苏省住房和城乡建设厅科技发展中心	通过深度分析江苏省级示范区实施过程，开展省级示范区后评估体系构建，内容涵盖组织管理，技术、经济目标和效果，可持续性等内容。利用数字化工具对通过验收评估的省级示范区进行了评估，形成了直观的评估结果，提出了促进省级示范区管理实施优化的建议
4	江苏省绿色生态城区专项规划技术导则	2017	江苏省住房和城乡建设厅科技发展中心、省住房城乡建设厅科学技术委员会、南京市规划局	通过对绿色生态城市理论基础和城乡规划体系的研究，理清了绿色生态城区专项规划与现行城乡规划体系的关系，确定了绿色生态城区专项规划的定位、工作标准和编制组织方式。以“全面协同、深到方案、纳入控规、落到项目”的目标导向，提出了各专项规划的编制思路和方法、关键指标和技术，以及成果形式等具体要求

续表

序号	项目名称	完成时间	主要完成单位	主要成果
5	基于不同功能的公共建筑绿色设计示范	2018	南京工业大学	通过调研、分析、实验、模拟等方式，对公共建筑围护结构热工参数、雨水回用、立体绿化、地下空间采光等问题进行了研究，形成了相应量化成果和适宜策略。提出了绿色建筑“生态完善度”的评价指标，对建筑与自然环境的关系进行了科学凝练。依据自然资源学原理，分析了江苏地区各类自然资源保护的层级关系，建立了生态完善度的计算方法。并提出了建筑设计阶段和运行使用阶段具体技术措施实施路径、运行效果与性能指标的计算方法
6	基于建筑能耗限额的超限额加价制度和促进节能服务市场机制研究	2018	江苏省住房和城乡建设厅科技发展中心	通过对建筑能耗限额制定、超限额加价方法、超限额加价配套制度、建筑节能服务市场促进机制等内容进行研究，制定了试点城市常州、无锡两市宾馆酒店、办公建筑等公共能耗限额，并在此基础上在常州、无锡两市开展了节能改造试点。结合试点实践情况，提出了能耗加价等级和加价幅度的参考方案
7	江苏省建筑能耗总量控制实施机制研究	2018	江苏省建筑科学研究院有限公司	通过对江苏建筑能耗和建筑节能总体情况开展调研，分析能耗总量上升曲线，确定能耗总量上限，提出了控制建筑能耗总量增长的技术路线，初步建立了江苏能源消费总量控制的实施机制
8	可再生能源建筑应用项目实施效果后评估研究	2018	东南大学、江苏省住房和城乡建设厅科技发展中心、住房城乡建设部科技发展促进中心	通过获取太阳能光热、光电、地源热泵建筑应用项目的系统实际运行数据，开展可再生能源系统运行性能后评估研究。构建了可再生能源建筑应用项目实施效果后评估体系，并对重点项目实施效果进行了评估，总结了可再生能源系统技术应用特征和节能运行方法

续表

序号	项目名称	完成时间	主要完成单位	主要成果
9	江苏省绿色生态城区案例分析研究	2018	江苏省住房和城乡建设厅科技发展中心	针对江苏省绿色生态城区建设成效进行系统梳理、分析、回顾和反思。对58个绿色生态城区的生态规划、能源利用、水资源利用、绿色交通等开展了分类研究，系统总结了江苏省绿色生态城区在规划建设初期进程中的探索与实践成果，通过试点阶段性后评估工作，总结分析了实践成效，回顾反思了存在的问题，展望了未来生态城区发展

1.3 重要科研成果介绍

1.3.1 《江苏省绿色建筑设计和技术标准体系研究》

1. 研究背景

《江苏省绿色建筑发展条例》提出新建民用建筑全面达到一星级绿色建筑标准的基本要求。为从技术层面确保条例的实施，有必要开展绿色建筑设计和技术标准体系研究。通过梳理江苏绿色建筑适宜技术及已有的各类相关标准，提炼符合江苏地区气候特点、建筑使用方式的绿色建筑技术，完善相关设计标准，建立健全绿色建筑技术管理机制，为绿色建筑的健康发展提供坚实的技术支撑。

2. 研究目标

（1）在认真研究国家标准，充分学习借鉴其他地方标准的基础上，结合江苏地域特色、自然资源环境和社会经济发展特点，编制易于操作、科学性强、体现江苏技术水平的绿色建筑设计标准。

（2）为确保标准的切实可行，同步开展配套政策及技术文件的研究编制，形成对建筑工程设计文件审查流程的闭合管理机制。

3. 主要研究内容

（1）在研究江苏绿色建筑标准体系和适用技术的基础上，根据国家标准《绿色建筑评价标准》GB/T 50378—2014 和江苏全面推广一星级绿色建筑的基本目标，编制

《江苏省绿色建筑设计标准》DGJ32/J173—2014。

(2) 结合江苏多年推进建筑节能工作的实践经验，以绿色建筑设计标准为基础，编制《江苏省民用建筑设计方案绿色设计文件编制深度规定》《江苏省民用建筑设计方案绿色设计文件技术审查要点》《江苏省民用建筑施工图绿色设计文件编制深度规定》《江苏省民用建筑施工图绿色设计文件审查要点》等技术文件。

(3) 系统构建方案设计、施工图设计两个阶段的绿色设计审查制度，明确规划主管部门和建设主管部门应分别承担的审查内容，将复杂多元、柔性可选、综合评分式的绿色建筑星级标识评价，转换成简便易行、刚性严格的设计审查制度体系。

4. 创新点

(1) 将适宜在江苏地区应用的绿色建筑技术措施在设计标准中进行固化和具体化，便于专业人员直接按条文进行绿色建筑设计。

(2) 将绿色建筑的要求全面纳入工程建设强制性管理，使绿色建筑落实从事后评价模式转变为事前控制模式。通过绿色设计审查制度，实现强制审查内容与一星级技术要求有效对接，确保建设项目达到国家绿色建筑评价标准一星级指标要求。

(3) 形成具有江苏特色的绿色设计、技术审查管理体系，为全面强制推广一星级绿色建筑奠定了基础。

1.3.2 《江苏省建筑能耗总量控制实施机制研究》

1. 研究背景

建筑运行能耗在社会总能耗中占较大比重，其强度和总量控制越来越受重视。国家和江苏出台了针对建筑能耗总量控制的政策与标准，提出了“建立健全能源消费强度和消费总量‘双控’机制”的要求。江苏从政策、管理的角度监督、约束建筑能源管理，提出超额加价、节能奖励制度等具体措施，初步建立了限额管理制度。尽管如此，针对建筑能耗总量控制的管理和科研支撑还存在很多问题，研究潜力很大。

2. 研究目标

分析江苏建筑能耗发展趋势，确定江苏建筑能耗总量控制中长期目标；研究确定各类建筑能耗控制指标，合理分解建筑用能总量控制任务；建立健全江苏建筑能源消费强度和消费总量双控的长效管理机制，推动建筑节能考核方式逐步由技术措施控制转向用能总量的控制。

3. 主要研究内容

持续开展江苏建筑能耗基础数据调研，积累能耗总量控制机制研究基础数据；基于建筑能耗分析模型，以调研数据为基础，建立了江苏建筑能耗总量计算模型并预测了建筑能耗总量发展趋势，明确了江苏建筑能耗总量上限，合理地制定能耗控制的目标任务；提出了江苏建筑能耗总量控制的技术路线，研究降低建筑实际运行能耗的用能模式；建立健全江苏建筑能耗总量控制管理政策体系，探索了能源消费强度和消费总量的“双控”实施机制。

4. 创新点

（1）采用数据调研结合模拟计算的方法，建立建筑能耗总量计算模型，同时掌握各类建筑用能强度分布，从宏观和微观上为能耗总量控制机制的研究积累了大量基础数据。

（2）提出建筑节能工作重点从技术措施向总量控制的方向转变，为江苏建筑节能行业发展改革提供指引。

（3）以建立健全江苏建筑能耗总量控制的管理政策体系为总体目标，构建能源消费强度和消费总量的“双控”的创新管理机制。

1.3.3 《可再生能源建筑应用项目实施后评估研究》

1. 研究背景

江苏可再生能源储量较为丰富，在建筑中应用前景十分广阔。“十二五”期间，江苏可再生能源建筑应用比例和规模持续上升。通过监测、调研及实测等手段掌握已投入使用的可再生能源建筑应用项目的实施效果，继而采取措施解决运行中的问题并提高管理水平，从而确保应用项目处于良好的运行状态，是未来可再生能源建筑应用推进的重点工作之一。

2. 研究目标

开展可再生能源建筑应用项目的后评估研究，在系统地掌握应用项目实际运行状况的基础上，进一步分析可再生能源系统实际运行中出现的新问题，研究提出解决措施。通过课题研究及时总结可再生能源建筑应用项目在运行过程中的经验和问题，为更大规模的示范及建设工作提供案例指导与数据支持。

3. 主要研究内容

对江苏已建成并投入运行的百余个地源热泵应用项目的系统设计文件、验收报告、运行数据等进行了调研，选取50个项目进行典型工况的现场检测，依托江苏可再生能源建筑应用项目数据监测平台，选取其中数据较为完整的49个项目进行了数据分析。对江苏已建成并投入运行的53个太阳能光热建筑应用项目的设计文件、检测报告和运行数据进行了调研，选取了其中具有代表性的19个项目进行现场测试评估，依托江苏可再生能源建筑应用项目数据监测平台，对7个项目的运行数据进行了分析。

吸收既有标准规范中常用的地源热泵系统的测试方法、评价指标，结合国内外已有的研究成果，综合主机运行、地源侧条件、水输配等多个方面，建立了地源热泵建筑应用项目实施效果后评估体系，利用该体系对江苏项目的实施效果进行评估，并对评估结果和发现的问题进行总结与分类。结合现场测试与平台数据中总结的能量平衡关系，建立了基于能量平衡的后评估方法，对太阳能光热系统实际运行情况的能效水平进行了综合的评价。

基于现有项目运行的大量第一手数据，采用科学的评估方法，对江苏建筑可再生能源的应用情况、技术特点、存在问题进行总结，对下一阶段建筑可再生能源的发展的相关政策、标准体系的制度具有一定指导意义。

4. 创新点

（1）对江苏已建成并投入运行的可再生能源项目开展后评估工作，评估项目数量超过 100 个，建立了具备一定规模的项目实际运行数据库。

（2）综合地源热泵主机运行、地源侧条件、水系统输配等多方面因素，提出了 EER（空调器的制冷性能系数）等指标的后评估方法，建立了地源热泵建筑应用项目实施效果后评估体系，并应用于江苏既有地源热泵项目的实施效果评估。

（3）结合现场测试与平台运行数据中总结的能量平衡关系，提出了基于能量平衡，包括集热子系统的集热能力、太阳能光热系统基础指标、全年 COPs（系统性能系数）三个方面的太阳能光热系统后评估方法。

1.3.4 《江苏省绿色生态城区案例分析研究》

1. 课题背景

江苏绿色生态城区在探索实践过程中，绿色、生态的发展理念得到普遍认可，建立实施了监管政策机制，编制落实了系列专项规划，研究构建了技术支撑体系，建设完成了绿色惠民工程。在取得成效的同时，绿色生态城区工作也存在政策体制不完善、规划建设系统性不强、评价考核机制缺位、产业支撑相对薄弱等问题，需要通过对实践案例开展深入调研、全面分析，学习优秀案例的成功经验，加强对特色亮点的总结，不断提升绿色生态城区创建水平。

2. 研究目标

在梳理江苏绿色生态城区发展思路的基础上，系统总结绿色生态城区在空间复合利用、能源利用、水资源综合利用、绿色交通、绿色建筑等各方面的工作实施情况，梳理各项绿色生态技术措施的实施和应用情况。开展绿色生态城区项目阶段性运营评估研究，分析城区中绿色建筑和绿色生态基础设施的运行成效，为“十三五”期间江苏绿色生态城区发展提出新思路。

3. 研究内容

（1）开展绿色生态城区建设总体成效研究。从政策机制、规划编制、支撑体系、绿色基础设施、绿色建筑发展、绿色产业、绿色生活理念等方面系统总结绿色生态城区在“十二五”期间的总体建设成效。

（2）开展绿色生态城区规划建设技术体系应用研究。从绿色生态专项规划、城区功能布局、绿色能源、绿色交通、城市水资源、固体废弃物、绿色建筑、绿色产业等方面系统分析各地在推进绿色生态城区规划建设中的异同性，并分析其原因。

（3）从组织、目标、可持续性和成功度四个方面开展绿色生态城区运营评估研究。

（4）系统总结建设实施经验，研究江苏绿色生态城区下阶段发展目标和方向。

4. 创新点

（1）国内首次系统性开展绿色生态城区案例综合研究的探索性课题，从政策、规划、技术等多方面分析了江苏绿色生态城区的发展现状和成效。

（2）通过近万个调研数据的统计分析和深入挖掘，以大量的图表、翔实的数据展现了江苏各地绿色生态城区在城市空间布局、绿色能源、绿色交通、水资源、固体废弃物、绿色建筑等方面的规划进展与实施成效，为在全省推广绿色生态城区工作提供了有效的参考资料。

（3）提出的绿色生态城区广义化、市场化、人性化、标准化发展方向，也为新时代绿色生态城区提供了创新发展思路。

1.3.5 《江苏省建筑节能和绿色建筑示范区后评估体系研究》

1. 课题背景

2010~2014年，江苏共设立53个省级绿色生态城区（其中36个建筑节能和绿色建筑示范区及5个绿色建筑和生态城区区域集成示范为后评估研究对象，课题中简称为“示范区”）。这些示范区资源禀赋各异、功能类型丰富，是我国绿色生态城区规划建设的重要示范集群。2013年开始，这些示范区陆续进入验收评估阶段，亟需一套科学、系统的后评价工具，协助验收工作的开展。

2. 研究目标

在一般项目后评估体系架构和技术思路的基础上，结合城市可持续发展理论和生态城市评价特点，以国家和江苏政策为依据，为示范区的验收评估，提供一套科学、系统、针对性强、引导性和实用性突出的项目后评估工具。通过课题研究和评估工具的构建与应用，提高江苏绿色生态城区的规划建设管理水平，总结江苏绿色生态城区建设模式，推动项目后评估在我国绿色生态城区规划建设领域的应用。

3. 研究内容

从示范区规划建设组织筹备、规划设计、建设实施和运营管理的全过程出发，构建示范区项目后评估的体系框架，包括评价对象、范围、依据、原则、标准、技术方法、分项评价内容和实施路径，突出后评估工作的科学性、系统性、针对性和引导性。

利用 Excel 软件，实现评估工具的数字化和可视化，建立相关数据库，提高评估工具的实用性、后评估工作效率和评估数据的利用价值。

利用综合评估工具，对 41 个示范区进行实证研究，检验后评估体系和综合评价工具构建的合理性，同时总结示范区规划建设经验与问题，对示范区建设管理和实施提出完善建议。

4. 创新点

（1）首次将项目后评价理论引入绿色生态城区规划建设研究和实践领域；

（2）从项目全寿命期角度构建绿色生态城区规划建设项目后评估指标体系，将准备过程、重点技术和项目的运营管理过程、技术经济性评价、制度创新、规划实施管理等内容纳入评估体系；

（3）在国内绿色生态城区规划建设的管理实践中，首次实现评价工具的数字化和可视化，并建立相关数据库。

第2章 技 术 标 准

“十三五”以来，江苏在国家和行业标准基础上，逐步建立起了全面覆盖综合标准、基础标准、通用标准和专用标准的绿色建筑标准体系，形成了分级明确、层次清晰的绿色建筑标准体系。在综合标准方面，发布实施了《住宅设计标准》和《江苏省绿色建筑设计标准》；在专用标准方面，先后发布实施了绿色建筑设计、施工、验收标准规范及建筑节能、可再生能源利用等标准规范，并发布了《江苏省绿色生态城区专项规划技术导则》。构建的标准体系在绿色建筑相关工作中发挥了重要的约束、引导和保障作用，体现先进性与前瞻性、适用性与实用性、针对性与可操作性、可复制性与可推广性。

2.1 规 范 标 准

2.1.1 总体情况

2015年以来，江苏发布实施了绿色建筑相关标准17项，内容涵盖绿色生态城区规划建设、绿色建筑设计、施工、运营、检测评价、验收管理等方面。部分正在实施和修订中的绿色建筑标准见表3-2-1。

江苏部分绿色建筑标准汇总表（2015～2018年） **表3-2-1**

序号	名称	编号与实施时间	主编单位	主要目次
1	江苏省绿色建筑设计标准	DGJ32/J 173—2014（2015年1月1日）	江苏省住房和城乡建设厅科技发展中心	1 总则；2 术语；3 基本规定；4 绿色建筑策划及设计文件要求；5 场地规划与室外环境；6 建筑设计与室内环境；7 结构设计；8 暖通空调设计；9 给排水设计与水资源利用；10 电气设计；11 景观环境设计

续表

序号	名称	编号与实施时间	主编单位	主要目次
2	立体绿化技术规程	DGJ32/TJ 188—2015（2015 年 7 月 1 日）	江苏省住房和城乡建设厅科技发展中心	1 总则；2 术语；3 基本规定；4 屋顶绿化；5 墙面绿化；6 构筑物绿化；7 立体花坛；8 附录
3	公共建筑节能运行管理规程	DGJ32/TJ 190—2015（2015 年 10 月 1 日）	江苏省住房和城乡建设厅科技发展中心	1 总则；2 术语；3 基本规定；4 供暖通风与空调系统节能运行管理；5 建筑给水排水系统节能运行管理；6 电梯系统节能运行管理；附录 A
4	建筑太阳能热水系统应用技术规范	DGJ32/J 08—2015（2015 年 10 月 1 日）	江苏省住房和城乡建设厅科技发展中心、江苏省建设工程质量监督总站	1 总则；2 术语；3 基本规定；4 太阳能热水系统设计；5 太阳能热水系统与建筑一体化设计；6 管材、附件和管道敷设；控制与操作；7 太阳能热水系统安装；8 试运行；9 验收；10 移交使用；附录 A ~ 附录 J
5	绿色建筑室内环境检测技术标准	DGJ32/TJ 194—2015（2016 年 1 月 1 日）	南京工业大学、南京工大建设工程技术有限公司	1 总则；2 术语和符号；3 基本规定；4 室内空气污染物；5 室内热湿环境；6 室内声环境；7 室内通风效果；8 室内可吸入颗粒物；9 附录
6	绿色建筑工程施工质量验收规范	DGJ32/J 19—2015（2016 年 1 月 1 日）	江苏省住房和城乡建设厅科技发展中心、江苏省建设工程质量监督总站	1 总则；2 术语；3 基本规定；4 墙体工程；5 幕墙工程；6 门窗工程；7 屋面工程；8 地面工程；9 供暖工程；10 通风与空调工程；11 建筑电气工程；12 监测与控制工程；13 建筑给水排水工程；14 室内环境；15 场地与室外环境；16 景观环境工程；17 可再生能源建筑应用工程；18 现场检测；19 绿色建筑分部工程质量验收；20 附录
7	复合材料保温板外墙外保温系统应用技术规程	DGJ32/TJ 204—2016（2016 年 6 月 1 日）	江苏省住房和城乡建设厅科技发展中心、江苏省建筑工程质量检测中心有限公司	1 总则；2 术语；3 基本规定；4 性能要求；5 设计；6 施工；7 工程验收

续表

序号	名称	编号与实施时间	主编单位	主要目次
8	江苏省游泳场馆建筑节能设计技术规程	DGJ32/TJ 205—2016（2016年7月1日）	南京城镇建筑设计咨询有限公司、南京市建筑设计研究院有限责任公司	1 总则；2 术语；3 游泳馆建筑节能设计参数；4 建筑及建筑热工；5 冷热源；6 采暖、通风与空调；7 给水排水；8 电气
9	住宅设计标准	DGJ32/J 26—2017（2017年7月1日）	南京长江都市建筑设计股份有限公司	1 总则；2 术语；3 基本规定；4 使用标准；5 环境标准；6 节能标准；7 设施标准；8 消防标准；9 结构标准；10 设备标准；11 技术经济指标计算；12 保障性住房基本标准
10	居住建筑标准化外窗系统应用技术规程	DGJ32/J 157—2017（2018年4月1日）	江苏省建筑科学研究院有限公司、南京市建筑设计研究院有限公司	1 总则；2 术语和符号；3 标准化外窗系统；4 设计；5 施工与安装；6 工程验收；7 附录A～附录D
11	建筑太阳能热水系统工程检测与评定标准	DGJ32/TJ 90—2017（2018年7月1日）	江苏方建工程质量鉴定检测有限公司、扬州市建伟建设工程检测中心有限公司	1 总则；2 术语和符号；3 基本规定；4 系统热性能检测；控制系统检验；5 系统安全性能检验；6 结果评定；7 检测报告；附录A～附录D
12	太阳能热水系统与建筑一体化设计	苏J28—2017（2018年2月1日）	江苏筑森建筑设计有限公司、江苏省住房和城乡建设厅科技发展中心	1 太阳能热水系统原理图；2 集热器安装示意图、安装详图；3 管道穿屋面、穿墙面及水箱基础详图；附录；参考实例
13	太阳能光伏与建筑一体化应用技术规程	DGJ32/J 87—2009（修订中）	—	—
14	建筑外遮阳工程技术规程	DGJ32/J 123—2011（修订中）	—	—
15	民用建筑能效测评标识标准	DGJ32/TJ 135—2012（修订中）	—	—
16	公共建筑能源审计标准	DGJ32/TJ 138—2012（修订中）	—	—
17	建筑外遮阳	苏J33—2008（修订中）	—	—

限于篇幅，本书重点介绍《江苏省绿色建筑设计标准》DGJ 32/J 173 和《住宅设计标准》DGJ 32/J 26。

2.1.2 标准解读

1.《江苏省绿色建筑设计标准》解读

（1）编制背景和目标

江苏是国内最早启动绿色建筑评价工作的省份之一，在大力推动绿色建筑发展的同时，江苏一直未开展针对绿色建筑设计标准的系统研究，建筑设计缺乏规范性指导。通过编制绿色建筑设计标准，可以为绿色建筑工作提供重要的技术保障，引导设计单位、施工单位及各类建设主体按照标准从事有关建设活动；可以为政府部门完善绿色建筑政策提供技术支撑，促进绿色建筑健康有序发展。

（2）主要内容

本标准是工程建设强制性地方标准，共 11 章，共有强制性条文 8 条，包括住宅日照要求、住区绿地率指标、住宅隔声性能要求、公共建筑能耗监测系统设置要求、照明功率密度值及住宅建筑楼梯走道延时照明要求，主要内容包括：

1）绿色策划章节，强调前期策划重要性。标准要求绿色建筑在立项和方案阶段必须进行绿色设计策划，对场地环境、资源、能源进行调研和综合规划，明确项目定位、确定绿色建筑总体目标和分项指标、对应的技术策略，开展成本与效益分析，以保证从项目前期开始就形成合理的目标、技术方案。要求在项目策划、方案设计、初步设计、施工图设计等各个阶段编制绿色设计专篇，以保证绿色设计技术方案的合理性、连续性并得到有效落实。

2）场地规划对规划技术指标提出了要求。如场地的安全性、节约用地、合理配置公共服务设施、合理控制开发强度以及资源利用与生态环境保护等。

3）建筑设计强调了健康、适用、高效的绿色空间设计理念，细化了自然通风、自然采光的技术策略，明确了指标要求。

4）结构设计中细化了结构优化措施以降低材料用量，同时提出了建筑材料选用的具体要求，率先编制了“工业化住宅结构设计”章节，提出工业化住宅设计原则和工业化住宅结构设计的基本要求，以推广应用工业化住宅（预制装配式住宅）。

5）暖通设计提出统筹规划建筑物的能源供应模式，首次提出输送系统可调性设计，依据水力稳定性的要求，提出了管路设计的具体控制指标。

6）给水排水设计中提出雨水回用设施的建设和使用要求及相关方案编制要求，并对用水计量系统、雨水入渗、再生水回用及太阳能热水系统设计要求进行了细化。

7）电气设计细化了照明设计、电气设备选型及电气测量与监控设计内容。

8）景观园林设计提出活动场地遮荫措施、道路太阳辐射反射系数、透水铺装面积比例等技术要求。

（3）创新点

1）将绿色建筑相关要求纳入工程建设强制性标准序列。结合江苏地域特点，将适宜在江苏应用的绿色建筑技术措施进行了固化和具体化，便于专业人员按条文执行。明确了部分绿色建筑控制指标，包括：管线设计宜全部地下敷设、可再生能源利用指标、能耗监测系统设置条件、太阳能热水应用比例要求、植物种数和绿化用地内绿化覆盖率要求等。

2）章节架构符合设计流程，专业设置全面。标准章节架构在满足“四节一环保”的前提下，按照建筑设计流程，将绿色设计要求和相关技术分解到规划、建筑、结构、暖通、给水排水、电气、景观各专业，便于落实绿色技术和设计审查。在同类标准中首次增设了结构设计、景观设计2个章节，景观环境设计填补了绿色建筑设计中绿化园林专业无规范审查文件的空白。

2.《住宅设计标准》DGJ32/J 26—2017 解读

（1）编制背景和目标

住宅建设量大面广，关系到广大城镇居民的居住水平和切身利益。随着经济发展的深入，为满足城镇居民改善居住条件的需求，全面提升住宅性能和人居环境品质，使住宅设计符合“适用、经济、绿色、美观”的新时代建筑方针，有必要对2006年实施的《江苏省住宅设计标准》进行修订，促进住宅设计标准与社会经济发展紧密结合，引导住宅设计趋势，规范住宅设计与建设。

（2）主要内容

结合国家《住宅设计规范》GB 50096—2011 及国家《建筑防火设计规范》GB 50016—2014 重大调整，对本标准进行了全面的修订，主要包括以下几方面内容：

1）增加绿色建筑、建筑产业现代化等内容。在本标准修订中引入绿色建筑设计及建筑产业现代化技术应用的相关条文，引导住宅设计趋势，规范住宅设计与建设。

2）提出消防设计、节能保温的新规定。根据《建筑设计防火规范》GB 50016—2014 颁布实施后新要求调整相关条文，细化相关内容，与相关规范协调统一。

3）结合新标准、新规范调整设计要求。结合国务院关于住宅建设发展相关文件精神和《住宅设计规范》GB 50096—2011 向控制套型规模、节能省地、高技术集成等方向发展的原则，取消套型分类、调整了套型面积计算标准及相关指标。

4）结合住宅市场发展需要扩展适用范围。随着超高层住宅的增多，对标准的适用范围做出调整，提出建筑高度100m以上住宅的楼梯疏散宽度、室外机座板、阳台等按照国家相关规定执行。

5）顺应老龄化的发展趋势，增加无障碍设计。为满足老年人上下楼交通方便，规定了多层及以上住宅应设置电梯并设为强制性条文，对高层住宅及超高层住宅的电梯数量进行了规定，要求其中至少一台为担架电梯，并明确了担架电梯的尺寸要求。

6）规范保障性住房的设计。将原“经济适用住房基本标准”调整为“保障性住房基本标准”，并细化各项设计标准与要求，明确装修标准。

（3）创新点

1）综合性、系统性强的住宅设计技术标准。增加了绿色建筑技术应用、装配式建筑技术和成品住房技术应用的相关条文，提升了标准的综合性。融合建筑、结构、消防、水电暖、智能化等专业内容，将设计要求和技术分解到各个专业，章节架构契合住宅设计流程，系统性较强。

2）在国家标准中率先将“消防标准”单列成章，全面涵盖住宅消防设计内容。参考了《建筑设计防火规范》GB 50016—2014、《住宅设计规范》GB 50096—2011及各地方住宅设计标准，将消防标准章节由原标准7节58条增加至12节89条，其中强制性条文28条。

3）聚焦人口老龄化，体现人文关怀。增设设置电梯要求的强制性条文，增加每单元电梯数量、加大户内门洞尺寸、规范可容纳担架的电梯尺寸、细化无障碍设计等方面内容，为居家养老提供便利条件。

4）规范超高层住宅设计，引导超高层住宅健康发展。明确提出建筑高度100m以上住宅的楼梯疏散宽度、室外机座板、阳台等按照国家相关规定执行。提高了超高层住宅的电梯设置标准，加大了疏散楼梯宽度及楼梯平台深度，细化了避难层设计要求。

2.2　导　则　指　南

为促进城市绿色发展，规范和指导全省绿色生态城区专项规划编制和管理工作，提高专项规划的科学性和可操作性，2018年11月，江苏省住房和城乡建设厅发布《江苏省绿色生态城区专项规划技术导则》。

2015～2018年间，江苏还发布了《江苏省海绵城市专项规划编制导则（试行）》《江苏省城市绿色照明评价标准》《江苏省城市地下空间开发利用规划编制导则（试行)》等技术标准和导则，从技术层面进一步细化了绿色生态城区中重点工程的规划建设要求。

《江苏省绿色生态城区专项规划技术导则》解读

1. 编制背景

2010 年，江苏在全国率先启动省级绿色生态城区创建，在省级专项资金的支持下，昆山花桥国际商务城、南京河西新城、无锡太湖新城为代表的一批绿色生态城区先后启动实施。各城区响应创建要求，结合自身定位与发展目标，组织编制了能源利用、水资源综合利用、绿色建筑等绿色生态专项规划，这些探索支撑了绿色生态城区专项规划技术体系的形成。我国对于绿色生态城区专项规划尚无明确标准和规定，相关概念内涵、框架体系、编制方法尚不清晰，编制内容和深度没有统一的要求，绿色生态城区专项规划编制缺乏必要的引导，实施缺乏保障。

2. 主要内容

（1）明确了绿色生态城区的内涵，确定了专项规划在现行规划体系中的地位，构建了专项规划技术体系，明确了专项规划内容、要求和保障措施（图 3-2-1）。

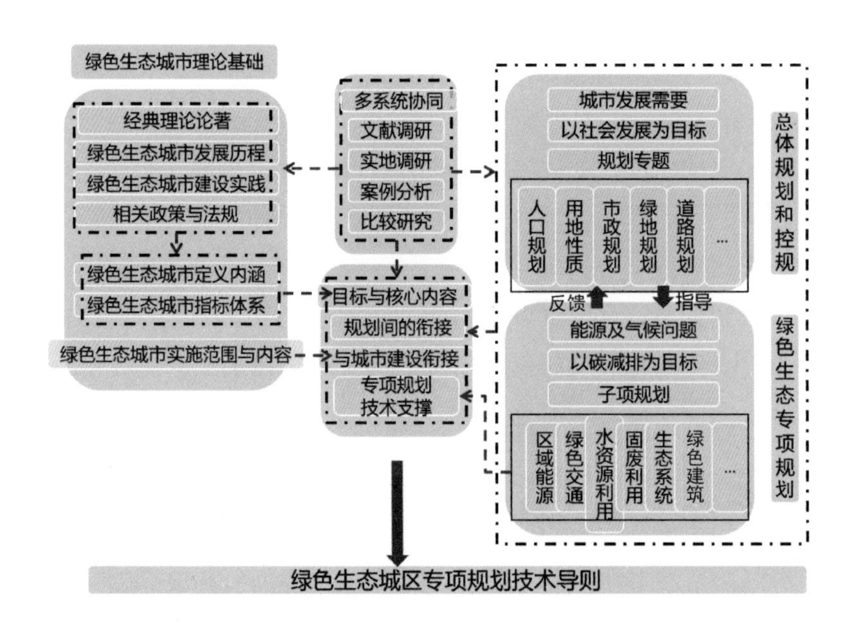

图 3-2-1　专项规划技术导则研究框架图

（2）导则目次包括：第一部分　总体要求；1 编制目的；2 适用范围；3 规划定位；4 基本原则；5 工作标准；6 规划编制组织与审批；第二部分　成果要求；1 内容形式；2 文本目录；3 图件目录；4 附件目录；第三部分　技术指引；1 总则；2 功能布局；3 水资源综合利用；4 能源综合利用；5 绿色建筑；6 绿色交通；7 生物系统与生物多样

性；8 固体废弃物综合利用；9 保障措施。

3. 创新点

（1）理清了专项规划与现行城乡规划体系的关系，明确了专项规划是衔接宏观层面总体规划和微观层面技术应用的中观层面的成果，是对现行城乡规划体系的补充和完善（图 3-2-2）。

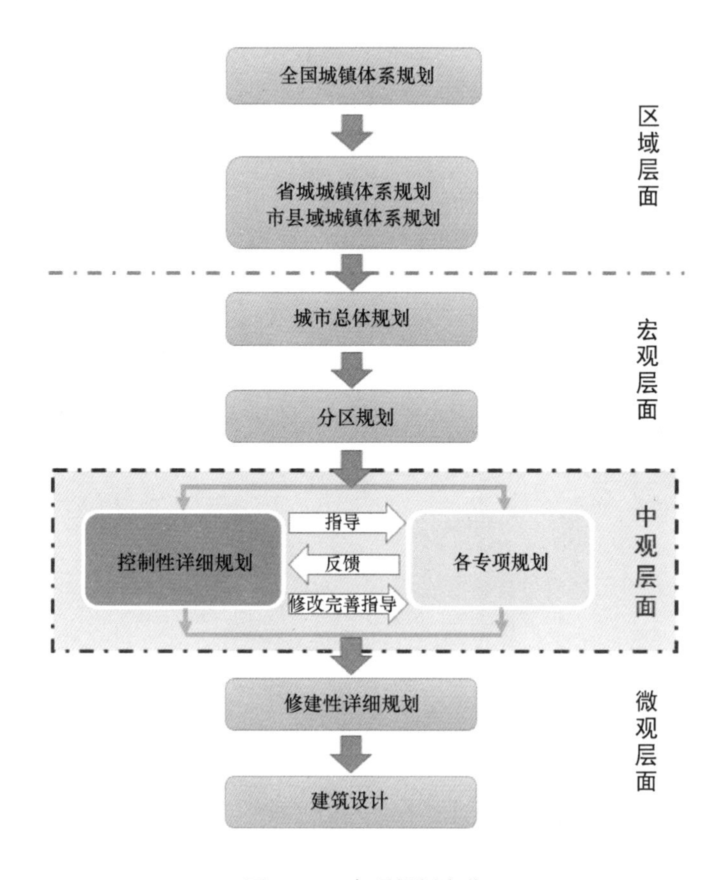

图 3-2-2 专项规划定位

（2）明确了专项规划内涵和“全面协同、深到方案、纳入控规、落到项目”的目标导向，提出了专项规划体系（图 3-2-3）中各规划的编制思路和方法，关键指标和技术以及成果形式等具体要求。

（3）提出了将专项规划主要指标反馈给控制性详细规划并作为支撑的工作模式，充分保障专项规划的可实施性。

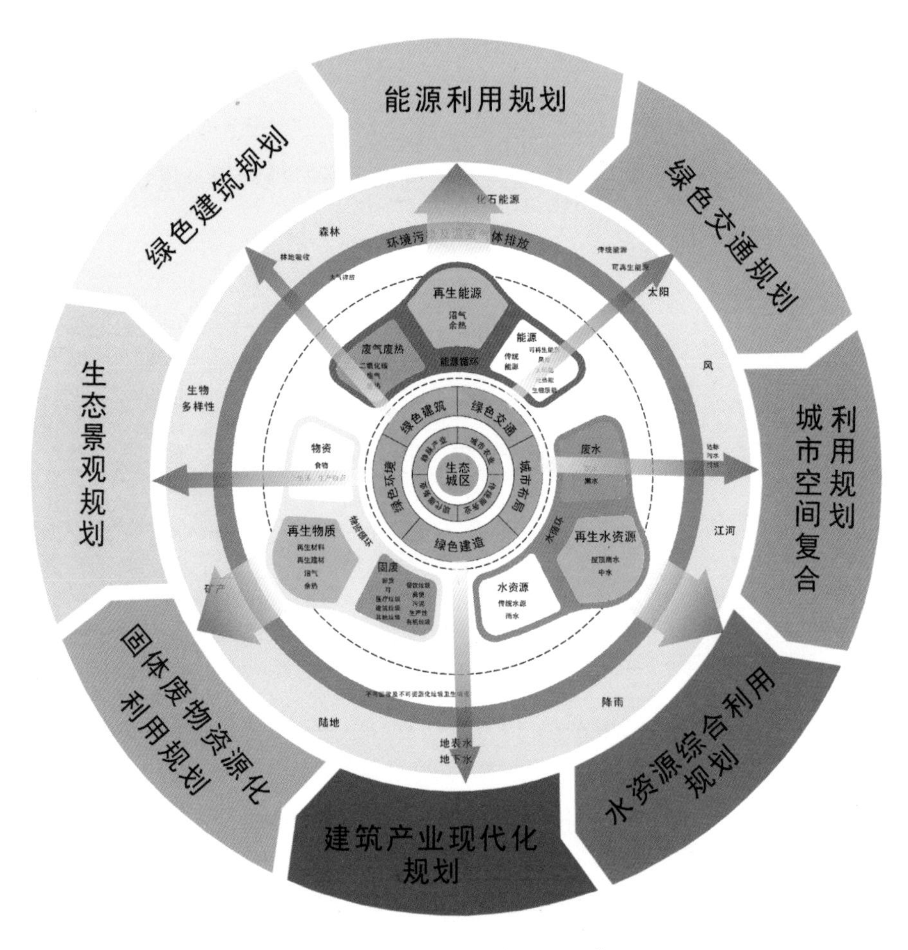

图3-2-3 江苏绿色生态专项规划体系图

第3章 载 体 建 设

3.1 科 研 载 体

3.1.1 总体情况

江苏近年来批准设立绿色建筑与建筑节能类省级重点实验室1家，工程中心26家（表3-3-1）。研究领域覆盖绿色建筑、既有建筑绿色化改造、建筑结构体系、建筑围护结构、建筑材料、可再生能源建筑应用、智能建筑等，这些科研载体的研究成果与应用实践，对江苏绿色建筑工作起到了较好的促进推动作用。

江苏省级建设科技类科研平台 **表3-3-1**

序号	项目名称	依托单位
1	江苏省绿色建筑与结构安全重点实验室	江苏省建筑科学研究院有限公司
2	江苏省城市低碳生态建设工程技术研究中心	江苏省城镇化和城乡规划研究中心
3	江苏省绿色建筑工程技术研究中心	南京工业大学
4	江苏省（赛德）绿色建筑工程技术研究中心	苏州市建筑设计研究院有限责任公司
5	江苏省长江都市绿色建筑工程技术研究中心	南京长江都市建筑设计股份有限公司
6	江苏省建筑节能工程技术研究中心	江苏建筑职业技术学院
7	江苏省（天溯）智能化绿色建筑工程技术研究中心	南京天溯自动化控制系统有限公司
8	江苏省绿色智能建筑工程技术研究中心	金陵科技学院
9	江苏省低碳木结构建筑工程技术研究中心	苏州昆仑绿色建筑木结构科技股份有限公司
10	江苏省既有建筑绿色化改造工程技术研究中心	江苏丰彩新型建材有限公司
11	江苏省被动式建筑工程技术研究中心	江苏南通三建集团股份有限公司
12	江苏省低碳建筑技术研究与应用工程技术研究中心	苏州市建筑科学研究院集团股份有限公司
13	江苏省绿色智能建筑工程技术研究中心	江苏达海智能系统股份有限公司
14	江苏省建筑工业化绿色建筑工程技术研究中心	江苏和天下节能科技有限公司
15	江苏省生态建筑与复杂结构工程技术研究中心	苏州工业园区设计研究院股份有限公司
16	江苏省绿色建筑材料工程技术研究中心	常州市建筑科学研究院集团股份有限公司

续表

序号	项目名称	依托单位
17	江苏省绿色建筑围护结构一体化工程技术研究中心	南京倍立达新材料系统工程股份有限公司
18	江苏省（金螳螂）节能建筑幕墙工程技术研究中心	苏州金螳螂幕墙有限公司
19	江苏省建筑外墙节能保温系统工程技术研究中心	苏州大乘环保新材有限公司
20	江苏省建筑绿色装饰装修工程技术研究中心	苏州金螳螂建筑装饰股份有限公司
21	江苏省绿色节能整体浴室工程技术研究中心	苏州科逸住宅设备股份有限公司
22	江苏省智能建筑运维管理工程技术研究中心	苏州市国贸电子系统工程有限公司
23	江苏省绿色植生型生态混凝土工程技术研究中心	泰州中海建材有限公司
24	江苏省绿色节能材料与集成系统工程技术研究中心	新华盛节能科技股份有限公司
25	江苏省（安科瑞）建筑光伏发电输出系统工程技术研究中心	江苏安科瑞电器制造有限公司
26	江苏省水冷光伏光热建筑构件一体化工程技术研究中心	金坛正信光伏电子有限公司
27	江苏省建筑废弃物再生工程技术研究中心	江苏镇江建筑科学研究院集团股份有限公司

3.1.2 主要科研载体介绍

1. 江苏省绿色建筑与结构安全重点实验室

2013年经省科技厅批准成立，是江苏首个绿色建筑方向的省级重点实验室。实验室建设旨在结合《国家绿色建筑行动方案》和国家中长期科技发展战略，针对江苏绿色建筑与建筑节能产业发展中的重大需求，围绕江苏绿色建筑与建筑节能发展中急需解决的关键技术、共性技术问题开展应用基础研究。实验室有5000.0m^2实验室与办公用房，其中实验室面积约3600.0m^2。

实验室在绿色建筑、绿色建材和部品、低能耗建筑、装配式建筑和结构安全等方面开展了一系列研究、实验工作。承担部省级及以上科研课题12项，包括国家重点研发计划课题2项、子课题5项、省科技计划项目1项、省自然科学基金3项、省“六大人才高峰”高层次人才选拔培养资助1项。获得科技成果相关奖项共9项，先后开发了KDS复合保温免拆模板、BGL保温隔声一体化浮筑楼板、可拆装中空玻璃内置百叶帘节能窗、ZR90抗风型百叶帘等产品，并在工程中应用。

2. 江苏省长江都市绿色建筑工程技术研究中心

2013年经省科技厅批准成立，是南京首个省级绿色建筑工程技术研究中心，针对江苏绿色建筑发展需求，开展技术集成工程化应用研究。

该中心在绿色建筑、健康建筑、海绵城市等方面开展了一系列研究与应用，取得了丰硕的成果。为150余个项目提供绿色技术咨询服务，总建筑面积达到2200.0万m^2；积极开展健康建筑技术咨询工作，是国内最早开展健康建筑设计与技术咨询的企业之一，目前已支撑9个项目获得健康建筑标识证书；积极开展绿色生态城区和零碳建筑技术研究与应用，完成了江苏首栋零碳木结构建筑设计，支撑“南京江北新区核心区”获批省级绿色生态城区，参编《江苏省绿色建筑设计标准》《江苏省绿色建筑应用技术指南》等。取得全国绿色建筑创新奖2项、江苏省绿色建筑创新奖5项；先后荣获“全国绿色建筑先锋奖”“中国绿色建筑设计咨询竞争力十强”称号。

3. 江苏省低碳建筑技术研究与应用工程技术研究中心

2013年经省科技厅批准成立，以建筑绿色低碳发展及相关领域的基础理论研究、新技术新成果的推广应用及高层次紧缺人才培养为主。工程中心发展目标是建设集建筑综合性能监测、建筑节能检测与能效测评、建筑能源审计、绿色建筑咨询与检测、建筑节能改造、海绵城市设计与检测等多项能力的专业化科研与技术服务平台，打造“科技创新能力一流、技术服务能力一流、社会影响力一流”的科技研发团队。工程中心主要场地建设面积2200.0m^2，其中研发实验场地2000.0m^2。作为子课题承担单位参与了国家“十三五”重点研发计划《基于性能导向的既有公共建筑监测技术研究及管理平台建设》的研发工作。承担部省级科研项目11项，申报或授权专利20余项，其中申报发明专利8项，编制标准6项，获得部省级科技成果奖3项。提供“建筑能效测评和节能检测技术服务”“建筑运营期节能技术服务”“绿色低碳建筑技术服务”，为工程中心技术研发成果转化和企业发展注入动力。

4. 省级科技创新基地

2017年省住房城乡建设厅科技发展中心分别与清华大学建筑学院、深圳大学本原设计研究中心共建了“江苏省绿色人居科技创新基地”“孟建民院士未来建筑科技创新基地”。成立以来，围绕未来建筑科技前沿，以“健康、高效、人文”三要素为核心思想，分析未来建筑发展趋势，整合优化绿色、智慧、装配式、健康等要素，开展了未来建筑研究和试点项目实践，启动了《江苏省绿色校园建设技术导则》《夏热冬冷地区超高层绿色建筑技术导则》等一批课题的研究。

图3-3-1 省级科技创新基地牌匾照片

3.2 培 训 交 流

省住房城乡建设厅每年组织召开全省建筑节能科研设计专题会议，通报绿色建筑、建筑节能和科研设计相关工作，组织经验交流和优秀项目参观。省住房城乡建设厅结合绿色建筑发展趋势不定期组织各类培训交流会。2016 年 9 月，在南京组织召开了公共建筑能耗限额研究工作推进会，交流各地市公共建筑能耗限额研究的前期成果和经验，探讨了存在的问题与疑虑，研究部署了全省公共建筑能耗限额研究的下一步工作任务。2017 年 11 月，在苏州组织召开全省绿色生态专项规划编制与实施推进会，通报全省绿色生态专项规划编制工作进展总体情况，交流专项规划编制经验，研究部署下阶段工作任务，极大推动了绿色生态专项规划工作。

江苏省工程建设标准站负责全省工程建设标准的培训宣贯和注册师继续教育工作。2015 年以来以集中授课形式，对国家标准《公共建筑节能设计标准》《绿色生态城区评价标准》和《江苏省居住建筑热环境和节能设计标准》《绿色建筑工程施工质量验收规范》等 34 本地方标准组织了宣贯培训，来自全省建设、设计、审图、施工、企业等单位的约 11000 人次参加了培训，扩大了工程建设标准的影响力，使学标准、讲标准、用标准的观念深入人心，对绿色建筑与建筑节能理念在行业的传播普及起到了不可替代的作用。

第4章　科　技　奖　项

2015 年以来，江苏绿色建筑领域科技工作获得了众多奖项的肯定，在科研项目、标准编制和项目创新等方面载誉而归，累计获得省部级奖项 27 项，厅级奖项 60 项。

4.1　省部级奖项

2015 年以来，江苏绿色建筑科研项目共荣获江苏省科学技术奖一等奖 1 项、三等奖 1 项；荣获华夏建设科学技术奖一等奖 3 项、二等奖 4 项、三等奖 4 项；绿色建筑相关标准获得标准科技创新奖一等奖 1 项。绿色建筑项目获得全国绿色建筑创新奖一等奖 1 项、二等奖 7 项、三等奖 9 项（详见附录 1）。

江苏绿色建筑科技成果获省部级奖项项目汇总　　表 3-4-1

类别	年度	项目名称	奖项	完成单位
省科学技术奖	2016	冬夏双高效空调系统关键技术及建筑节能集成应用	一等奖	东南大学、江苏省建筑科学研究院有限公司、南京市建筑设计研究院有限责任公司、江苏河海新能源股份有限公司、南京五洲制冷集团有限公司
	2018	基于大数据的智慧城市精细化管理技术及产业应用	三等奖	南京中兴新软件有限责任公司
华夏建设科学技术奖	2014	建设屋面植绿技术研究	二等奖	江苏顺通建设集团有限公司、赤峰润得建筑有限公司、广州中茂园林建设集团有限公司、南通六建建设集团有限公司、南通光华建筑工程有限公司
		绿色装配住宅成套关键技术研究与应用	二等奖	江苏中南建筑产业集团有限责任公司、南通大学、江苏工程职业技术学院

续表

类别	年度	项目名称	奖项	完成单位
华夏建设科学技术奖	2014	民用建筑能效测评标识及其信息化研究与应用	三等奖	江苏省住房和城乡建设厅科技发展中心、南京工大建设工程技术有限公司、中国建筑科学研究院、苏州市建筑科学研究院有限公司、南京群耀软件系统有限公司
		绿色低碳重点小城镇建设评价指标体系研究	三等奖	中国建筑设计院有限公司、环境保护部南京环境科学研究所
	2015	建筑遮阳应用关键技术与推广	一等奖	上海市建筑科学研究院（集团）有限公司、住房和城乡建设部标准定额研究所、广东省建筑科学研究院集团股份有限公司、同济大学、华南理工大学、上海建科检验有限公司、江苏省住房和城乡建设厅科技发展中心、江苏中诚建材集团有限公司、广东创明遮阳科技有限公司、尚飞帘闸门窗设备（上海）有限公司
		城市地下空间节能开发关键技术研究与应用	二等奖	江苏建筑职业技术学院、江苏江中集团有限公司、龙信建设集团有限公司、中国矿业大学
	2017	建筑室内PM2.5污染全过程控制理论及关键技术	一等奖	中国建筑科学研究院、西安建筑科技大学、北京工业大学、远大洁净空气科技有限公司、中铁十六局集团有限公司、南京工业大学、天津城建大学
		绿色生态园区技术集成应用研究与示范	二等奖	南京工业大学、东南大学、深圳市建筑科学研究院有限公司、南京旭建新型建材有限公司、常州市建筑科学研究院有限公司、江苏金百合门窗科技有限公司、江苏绿朗生态园艺科技有限公司、南京工大建设工程技术有限公司
		公共建筑节能改造重点城市示范技术体系及应用	三等奖	上海市建筑建材业市场管理总站、上海市建筑科学研究院、上海建科建筑节能技术股份有限公司、苏州必信空调有限公司、上海国瑞环保科技股份有限公司

续表

类别	年度	项目名称	奖项	完成单位
华夏建设科学技术奖	2018	既有建筑绿色化改造综合检测评定技术与推广机制研究	一等奖	中国建筑科学研究院有限公司、住房和城乡建设部科技与产业化发展中心、同济大学、常州市建筑科学研究院集团股份有限公司、北京市住房和城乡建设科技促进中心
		空气热能纳入可再生能源的研究与应用	三等奖	住房和城乡建设部科技与产业化发展中心、上海交通大学、中国节能协会、广东美的暖通设备有限公司、艾默生环境优化技术（苏州）有限公司
标准科技创新奖	2018	《江苏省绿色建筑设计标准》DGJ32/J 173—2014	一等奖	江苏省住房和城乡建设厅科技发展中心、南京长江都市建筑设计股份有限公司、江苏省绿色建筑工程技术研究中心、南京城镇建筑设计咨询有限公司、启迪设计集团股份有限公司、江苏省建筑节能技术中心

4.2 厅 级 奖 项

2015年以来，江苏绿色建筑科研项目累计获江苏省建设科技成果奖一等奖3项、二等奖2项、三等奖5项。江苏省绿色建筑创新奖共评出一等奖4项，二等奖20项，三等奖26项（详见附录2）。

江苏绿色建筑科研项目获省建设科技成果奖项目汇总　　表3-4-2

年度	项目名称	奖项	完成单位
2015	全预制装配式框架结构绿色建造技术研究与示范	一等奖	南京长江都市建筑设计股份有限公司、中国建筑第二工程局有限公司、南京大地建设新型建筑材料有限公司
	江苏省居住建筑热环境和节能设计标准 DGJ32/J 71—2014	二等奖	江苏省建筑科学研究院有限公司、南京工业大学、江苏省住房和城乡建设厅科技发展中心
	江苏省建筑节能和绿色建筑示范区推进机制研究	三等奖	江苏省住房和城乡建设厅科技发展中心、江苏省绿色建筑工程技术研究中心
	江苏省绿色建筑产业发展研究	三等奖	江苏省住房和城乡建设厅科技发展中心、南京财经大学江苏产业发展研究院、江苏省绿色建筑技术工程研究中心

续表

年度	项目名称	奖项	完成单位
2016	绿色生态城区专项规划技术导则	一等奖	江苏省住房和城乡建设厅科学技术委员会、江苏省住房和城乡建设厅科技发展中心
	江苏省节能建筑外墙保温技术现状与发展研究	二等奖	江苏省建筑科学研究院有限公司、江苏省住房和城乡建设厅科技发展中心、常州市建筑科学研究院股份有限公司
	夏热冬冷地区（苏州）公共建筑碳排放指标研究	三等奖	苏州市建筑科学研究院集团股份有限公司
	绿色施工技术的创新与应用实践	三等奖	中亿丰建设集团股份有限公司、苏州中正建设工程有限公司
2017	江南水乡村镇低能耗住宅技术策略研究	一等奖	东南大学、江苏省建筑科学研究院有限公司
	绿色建筑材料评价体系研究	三等奖	江苏省建筑工程质量检测中心有限公司

第 4 篇 示范推进篇

示范引领是江苏推动绿色建筑工作的一项重要抓手，示范工作的实质是发挥财政资金的引导作用或政策倾斜的扶持作用，推动绿色建筑创新探索和实践，通过树立标杆在区域或行业形成影响力和推广作用。

本篇重点介绍江苏绿色建筑示范工作，通过成效、机制和案例三个章节，生动详细地展示了示范工作体系和开展情况。篇首特邀中国工程院院士王建国撰写《江苏省园艺博览会主展馆绿色木构建筑设计的探索》一文，介绍第十届江苏省园艺博览园主展馆的设计构思与实践，展现示范工程的酝酿生成过程。

学者之言

江苏省园艺博览会主展馆绿色木构建筑设计的探索

王建国

江苏省园艺博览会是江苏省人民政府为推动全省园林园艺行业发展的盛会，每两年举办一次，1999 ~ 2016 年已成功举办了九届。第十届江苏省园艺博览会于 2018 年 9 月在扬州市举办。扬州市地处江苏中部，江苏省园艺博览园（简称“园博园”）拟选址于扬州枣林湾旅游度假区云鹭湖湿地，选址地处宁镇扬边界交汇处，南临长江，北依丘陵，依托 G328、G40 两条高速国道高速公路，以及宁启高铁，交通便捷。场地面积约为 120.0 公顷，场地北侧为远期配套服务区，东侧为世界园艺博览会建设片区预留用地。主展馆是园博园最主要的建筑物，面对来自全国乃至全世界游客，影响力和示范效应不言而喻。

1. 建筑设计

(1) 设计理念

主展馆建筑设计致力于体现扬州郊邑园林历史上“寄情山水”的宏阔大气，以及具有地域性特征又与时俱进的新扬派建筑风格。设计理念体现在以下四个方面（图 4-0-1）：

图 4-0-1　主展馆展厅组群

1）交融开放

扬州自古就是水陆交通枢纽，文化交流传统历史悠久，风土人情独特有趣。扬州建筑既有南方的典雅精致，又有北方的硬朗大气，形成了南北建筑交融开放的风貌特色。

2）自然山水

与小桥流水的苏州园林有所不同，扬州园林多山水野趣、格局宽宏，且多与自然环境相结合，园内有园并多阁，适宜登高望远。本次设计借鉴清代名画《扬州东园图》的意境和布局，设置凤凰阁，既可在此远眺园博园，也可呼应场地东北方向的苏中第一高山——铜山。

3）唐宋风格

扬州城市的繁华鼎盛时期主要在唐宋，代表性建筑和园林大气简约。主展馆设计吸取唐代建筑风格特点，舒展而不张扬，古朴却有活力。

4）绿色环保

扬州传统园林建筑用材不仅有青砖、粉墙、黛瓦，更有精美的木构与木雕装饰。本次主展馆设计采用木结构，不仅顺应当下绿色环保的发展形势，也很好地契合了扬州传统建筑的文化特征。

（2）场地设计

袁耀（清）名画《扬州东园图》反映了扬州古典郊野园林的典型风貌，后由清代诗人程梦星题字“别开林壑”，点出了该画作的立意。主展馆场地环境设计构思借鉴《扬州东园图》“别开林壑”意境，形成了异曲同工的场地布局。场地南高北低，考虑地形高差，设计采用了南高北低的地形叠水，并将水引入建筑庭院内部，在叠水上设计了跨水飞虹拱桥，增加了建筑的亲水性（图4-0-2、图4-0-3）。

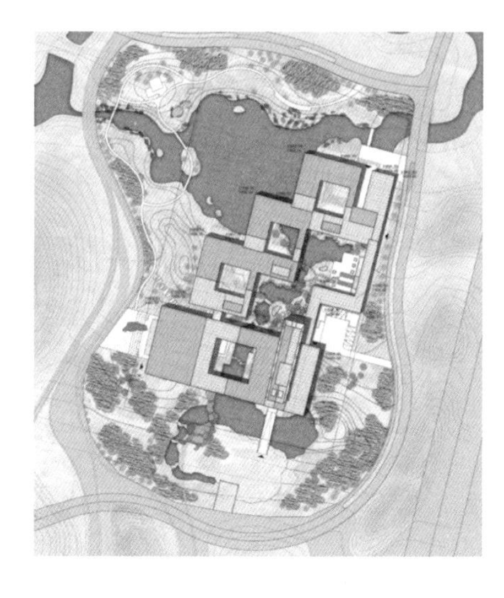

图4-0-2　主展馆总平面图

图4-0-3　跨水飞虹拱桥

（3）建筑形态设计

江苏一直是我国绿色建筑工作推进较好的省份，也是工程实践案例最多的省份之一。本次园艺博览会希望在省级重点工程项目建设上做出表率。设计过程伊始，我们就考虑采用国家鼓励的、具有绿色环保特性的木结构作为主要结构体系，打造体现江苏“绿色建筑+”发展战略的示范工程。为此，主展馆设计贯彻了绿色建筑理念，采用多种绿色节能手段，具体的绿色生态设计策略体现在三方面。

1）建筑形态

主展馆的设计因借自然，并采用洄游式的造园手法，引导公众游园观览。游人在观览展馆室内陈列后，可以移步至建筑围合的园林中，感受精致的林壑景观，既能增加观览趣味性，也能增加对自然野趣和幽静景深的体验。

整个展馆由若干个院落组团形成围合式布局，内设水庭，南北贯通，是“别开林壑”的设计转译。一方面将自然环境引入建筑内部，使得人工建筑与自然环境相融合；另一方面，将建筑体量拆解分散，形成小的院落组团，既与场地地形契合，也解决了院落内部空间的采光通风问题（图4-0-4）。凤凰阁花卉展厅和科技展厅内部空间舒展流动，而高耸的凤凰阁，成为整个园博园的视觉制高点。

图4-0-4　主展馆凤凰阁展厅内景

2）被动式设计

主展馆的围合式院落建筑留出了绿色风廊，可以有效改善展馆微气候。凤凰阁在连续的水平空间中形成垂直的竖向空间，通过拔风效应，基本可以实现展览空间的自然通风，降低能耗。建筑的外围护材料为双层Low-E玻璃和仿木铝合金挂板，并竖向设置50mm×100mm的仿木铝合金格栅，形成密集的阴影带，增强建筑遮阳效果。

3）后续利用

按照惯例，园博园展览只有一个月时间，主展馆的后续利用是必须考虑的关键问题，这也是绿色建筑的基本要求。为此，主展馆建筑功能设计兼顾了展会期和展会后作为特色园林酒店的两个不同的功能要求。在建筑组织布局、结构体系、机电设备等方面均考虑了后续稍加改造便可转入新功能运营的可能。

2. 木结构设计

木材是绿色可再生建筑材料，木结构是绿色、环保、安全的结构形式，其利用符合国家节能减排战略和绿色节能建筑产业化政策。园博园主展馆主体部分采用现代木结构技术，包括凤凰阁、科技展厅以及连接拱桥三个部分。

凤凰阁是主展馆的核心区域，横向结构体系依据建筑外形，采用桁架顶接异形刚架结构，两侧带辅跨刚架，刚架跨度 13.6m，高度 26.0m，为国内单一空间建筑层高最高的木结构。建筑纵向结构体系为排架 + 内凹交叉支撑，支撑与横向桁架下弦连接成整体。

科技展厅跨度 37.8m，屋面主体采用了交叉张弦木梁结构。该体系可最大程度地发挥木材的受压性能并大幅降低挠度，同时上弦交叉木梁可提高屋盖平面内的整体刚度。

拱桥是连接凤凰阁与科技展厅之间的交通枢纽，跨度 29.4m，宽 8.4m，采用拉杆拱形式的廊桥结构，主拱矢高 6.7m，采用变截面胶合木。

3. 总结

绿色建筑不应该是现代化机械设备加上工业化的产物，而完全有可能从地域性的历史文化和传统中获得灵感，采取更多地从群体规划、平面布局到单体建筑的被动式设计手法，建立与自然之间更为密切的关联。

木结构建筑具有显著的建造优势，现场安装受施工场地影响小，且机械吊装方便快捷。在施工过程中，主展馆木结构现场安装只用了一个月，相比传统结构方式，建造周期缩短了一半，基本解决了主展馆设计建造工期紧的问题。

园博园主展馆先后获得了绿色建筑二星级设计标识和江苏省建筑产业现代化示范项目称号，园博园开园后，成为最受游客欢迎的观览场所之一。主展馆在标准高、时间紧的情况下以高度创新圆满完成了设计和建设工作，以高低错落、舒展通透的体量，木材质感、结构明晰的形象，成为园博园一道亮丽的风景；作为“十三五”重点专项“经济发达地区传承中华建筑文脉的绿色建筑体系”课题的示范工程，将木结构体系与被动式设计手法和绿色建筑技术结合，成为江苏新时代绿色建筑的代表性项目。

第1章　总　体　成　效

1.1　国家级示范项目

自2007年起，江苏积极组织申报各类国家级绿色建筑和建筑节能示范项目。截至2018年末，共获批国家级可再生能源建筑应用项目18项，太阳能光电建筑应用示范项目59项，可再生能源建筑应用示范城市（县，镇）20项；绿色生态城区1项，另有太阳能综合利用项目44项，建筑能效提升项目5项，公共建筑能效提升重点城市1项。总计获得国家财政资金支持143794.0万元，新建建筑面积约4003.1万m^2，新建光伏电站总装机容量92.9MWp，改造既有建筑总面积335.1万m^2（表4-1-1）。目前，除公共建筑能效提升重点城市项目还在实施中，其他所有示范项目均完成建设并通过验收。

国家级示范项目基本信息汇总表（2007~2018年）　　　　**表4-1-1**

项目类别	获批年度	项目数量	建筑面积（万m^2）	太阳能光伏装机容量（kWp）
可再生能源应用示范项目	2007	10	36.0	—
可再生能源应用示范项目	2008	8	28.0	—
太阳能光电建筑应用示范项目	2009	21	—	15968.7
太阳能光电建筑应用示范项目	2010	9	—	6732.4
太阳能光电建筑应用示范项目	2011	10	—	11694.3
太阳能光电建筑应用示范项目	2012	19	—	58550.8
太阳能综合利用项目	2012	44	508.7	—
可再生能源建筑应用示范城市（县，镇）	2009	2	380.0	—
可再生能源建筑应用示范城市（县，镇）	2010	3	893.0	—
可再生能源建筑应用示范城市（县，镇）	2011	5	1021.8	—
可再生能源建筑应用示范城市（县，镇）	2012	10	755.0	—
绿色生态城区	2012	1	380.7	—
公共建筑节能改造示范项目	2015	5	95.1	—
公共建筑能效提升重点城市	2017	1	240.0	—
总计	—	147	—	92946.2

国家级示范项目的实施有效推动了江苏绿色建筑工作的发展，并为省级专项资金的设立提供了参考和指引。紧随国家级示范项目的步伐，江苏设立了省级专项资金，支持绿色建筑与建筑节能项目实施，并逐步扩大支持范围，逐年提升项目品质要求，推动绿色建筑与建筑节能工作向纵深发展。

1.2 省级专项资金项目

江苏自2008年设立省级专项资金，截至2018年末，共立项各类项目831项，包括区域示范（绿色建筑区域示范、既有建筑节能改造示范城市）、绿色建筑、可再生能源建筑应用、超低能耗建筑、既有建筑节能改造、合同能源管理、节能监管体系建设、建筑用能管理示范、节能科技支撑等类别。

2008～2018年，省级专项资金安排资金总额达218250.7万元。其中绿色建筑区域示范得到的支持力度最大，累计安排资金超过119026.0万元，占比超过54.5%（图4-1-1）。通过鼓励区域集成示范，带动了绿色建筑与绿色节能项目的实施，最大限度发挥了财政资金效益。

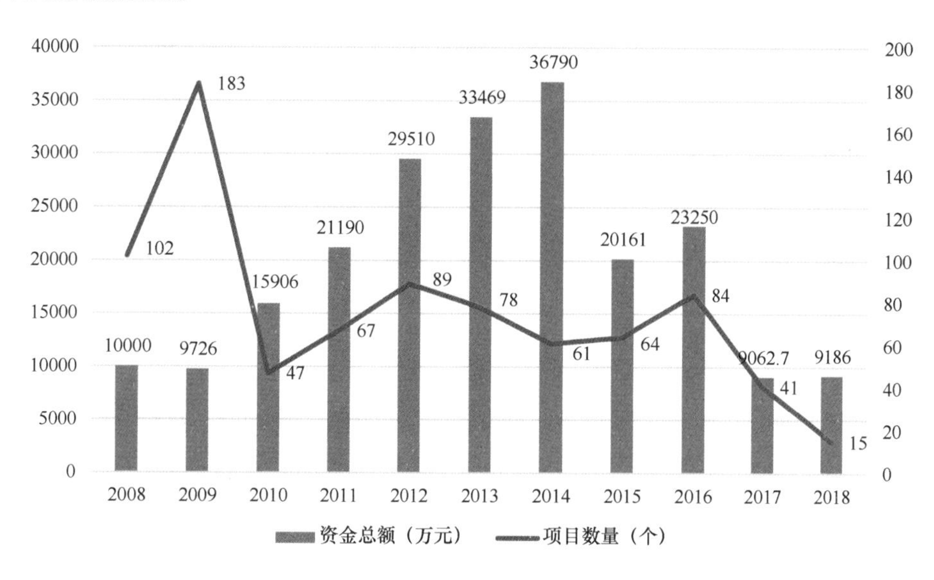

图4-1-1 各年度项目立项数量和资金安排情况

截至2018年末，已立项的831个项目中已完成659项，正在实施182项，验收完成比例达79.3%。

2015年以来，省级专项资金立项204项，安排资金总额61659.7万元，其中绿色建筑区域示范仍然是支持的重点，资金安排占比超过50%，对合同能源管理和绿色建筑示范项目的支持力度上升，占比超过10.0%。各类型项目具体情况如表4-1-2所示。

2015～2018年省级专项资金立项和资金安排情况 **表4-1-2**

立项项目类型	立项数量（个）	安排资金（万元）	资金占比（%）
绿色建筑区域示范	18	31800.0	51.6
合同能源管理	41	6522.0	10.6
绿色建筑示范	51	6186.0	10.0
既有建筑节能改造示范区（市、县）	4	4400.0	7.1
可再生能源和低能耗建筑示范	20	3426.0	5.6
建筑节能科技支撑	27	3408.0	5.5
建筑用能管理工程示范	23	2905.0	4.7
超低能耗被动式建筑工程示范	12	2050.7	3.3
既有建筑节能改造	8	962.0	1.6
合计	204	61659.7	100.0

1. 绿色建筑区域示范

立项18项，累计安排资金31800.0万元。其中绿色建筑示范城市（区、县）6项、绿色建筑和生态城区区域集成示范5项、绿色建筑小镇1项、绿色建筑奖补城市6项。预期建成绿色建筑总面积超过5000.0万m^2，其中二星级及以上绿色建筑占比超过60.0%，超低能耗被动式建筑面积5.3万m^2。

2. 合同能源管理

立项41项，累计安排资金6522.0万元。其中市政类（绿色照明）4项，计划完成6453盏LED节能路灯改造；建筑类37项，预期实施项目总面积353.6万m^2，建成后每年可节约21867.0t标煤，减少CO_2排放57292.0t。

3. 绿色建筑示范

立项51项，累计安排资金6186.0万元。其中设计标识20项，总建筑面积174.0万m^2，二星级及以上18项，面积占比90.8%；运行标识31项，总建筑面积454.0万m^2，二星级及以上23项，面积占比48.7%。

4. 既有建筑节能改造示范区（市、县）

立项4项，累计安排资金4400.0万元。预期改造项目总面积520.0万m^2，项目平均节能率不低于15.0%。

5. 可再生能源建筑应用示范

立项20项，累计安排资金3426.0万元。预期建成项目总面积140.9万m^2，每年可节约12126.0t标煤，减少CO_2排放31770.0t。

6. 建筑节能科技支撑项目

立项27项，累计安排资金3408.0万元。其中平台建设2项，能耗限额制定及总量控制研究12项，绿色建筑与建筑节能理论创新和前瞻性研究13项。

7. 建筑用能管理工程示范

立项23项，累计安排资金2905.0万元。预期实施项目总面积871.3万m^2，500栋建筑安装能耗分项计量系统，平均节能率达12.5%，可节约9020.0t标煤，减少CO_2排放23632.0t。

8. 超低能耗被动式建筑工程示范

立项12项，累计安排资金2050.7万元。预期建成项目面积16.8万m^2，集成应用被动式绿色建材及技术，实现综合建筑节能率均达到85.0%以上，每年可节约2151.0t标煤，减少CO_2排放5851.0t。

9. 既有建筑节能改造示范

立项8项，累计安排资金962.0万元。预期改造项目总面积41.8万m^2，每年可节约1595.0t标煤，减少CO_2排放4179.0t。

第2章 监 管 机 制

2.1 管 理 制 度

为规范各级各类示范项目的管理，确保财政资金发挥应有效益，省住房城乡建设厅会同相关部门制定了项目管理办法，细化了管理规定，建立健全了管理制度体系，明确了项目管理职责、程序和考核要求。

对国家级示范项目，省住房城乡建设厅按照相关文件要求组织申报，制定发布了《省住房和城乡建设厅关于加快推进2012年度太阳能综合利用示范项目验收评估工作的通知》等文件，按要求推进项目的能效测评并组织开展验收评估工作。

为加强省级专项资金项目的管理，2015年，省住房城乡建设厅会同省财政厅修订发布了《江苏省省级节能减排（建筑节能和建筑产业现代化）专项引导资金管理办法》，对管理职责、补助对象及方式、项目和资金管理做了详细的规定。省住房城乡建设厅还发布了专项资金绩效考核、加强绿色生态城区管理、验收评估细则等系列文件，编制了管理工作手册，细化了项目的申报审核、实施监管、验收评估等管理流程和要求。

2.1.1 申报和立项

每年年初，省住房城乡建设厅会同省财政厅根据省委、省政府要求和年度重点工作任务，结合各地工作推进情况，下达省级专项资金项目申报指南。各地组织项目单位申报，并对项目进行初审，通过审核的项目上报省住房城乡建设厅。申报材料提交后，省住房城乡建设厅会同省财政厅对申报项目进行初审、评审、公示、下达。

2.1.2 实施管理

根据省级专项资金项目管理工作手册，实施管理流程及要求如下：

（1）方案论证。示范项目应对初步的技术方案进行完善，并由省住房城乡建设厅组织有关专家对项目进行实施方案的论证或施工图的专项审查，论证通过后的示范项目方可进行实施。

（2）检查监督。各级建设主管部门在示范项目实施期间，对工作推进、项目落实与实施进展情况进行定期核查和不定期检查，根据相关管理要求加以督促和指导。示范项目所在建设主管部门按要求于双月底报送项目整体进展及具体项目进度情况，对未按要求实施的加以督促落实。

（3）验收评估。项目按计划完成实施方案具体工作任务后，由省住房城乡建设厅组织专家进行示范项目验收评估，通过验收的项目，由省住房城乡建设厅出具验收评估报告；未通过验收的项目，整改后再次进行项目验收，直至项目通过验收，出具验收评估报告。

2.1.3 绩效考核

省住房城乡建设厅会同省财政厅成立绩效考核工作小组，对项目实施过程进行监督，对项目验收以及实施效果进行综合考核、评价。未实施的项目，收回专项资金；未按照计划实施的项目，按照节能目标及项目完成情况进行相应核减。

2.2 保 障 机 制

在管理制度之外，江苏探索形成了一套多路径协同、全行业参与的示范保障机制。通过组织保障、目标考核、行业交流、科研反馈等一系列措施，保障了省级专项资金项目实施和管理工作的顺利开展。

（1）分级协同的组织管理。按照省级专项资金管理办法，省住房城乡建设厅绿色建筑与科技处负责各类示范组织管理工作，各地建设主管部门按照各自职责分工，督促示范项目推进。区域类示范项目应严格落实相关要求，成立示范工作领导小组，由地方政府分管领导任组长，相关职能部门主要负责同志任成员，形成多部门参与、共同推动的协同工作机制。

（2）分解落地的目标考核。将完成示范工作的年度目标任务纳入《全省建筑节能与绿色建筑工作任务分解方案》并组织考核。对于区域类示范项目，要求实施单位按照考核指标分解年度任务并落实到相关部门，推动建立年度考核制度，要求按季度上报实施进展情况，每年年终上报年度工作总结。

（3）行业会议和交流学习。省住房城乡建设厅每年组织召开全省绿色建筑与科技工作座谈会，对年度示范管理工作进行部署。不定期组织召开专题工作会、示范工程现场会和调研、培训等活动，及时掌握各地示范工作推进情况，研究解决共性问题，促进学习与交流。

（4）科研支撑的评估反馈。省住房城乡建设厅组织开展示范项目后评估研究，包括绿色生态城区案例对比研究、绿色建筑区域示范后评估研究、绿色生态城区规划评估研究等。通过广泛调研获取示范工作实施进展相关数据，研究构建评估体系，分析评估结果及原因，通过发展报告、研究报告等形式发布，形成对示范工作的科学评估反馈机制。

第3章　典　型　案　例

3.1　绿　色　建　筑

3.1.1　绿色校园——江苏城乡建设职业学院

1. 基本信息

江苏城乡建设职业学院（简称“学院”）位于常州市钟楼区殷村职教园（图4-3-1），是住房城乡建设部绿色校园示范项目。学院用地面积46.7万m^2，总建筑面积28.1万m^2，建筑最高高度31.9m，其中绿色建筑总建筑面积25.9万m^2，二星级及以上绿色建筑占比50.0%。

图4-3-1　学院鸟瞰

2. 案例创新点

江苏城乡建设职业学院新校区以建设全寿命期绿色校园为目标，探索集绿色设计、绿色施工、绿色运营、绿色人文、绿色教育于一体的全寿命期绿色校园建设。项目集成实践了绿色建筑、海绵校园、可再生能源建筑运用等绿色生态技术，形成了完整的规划、设计、运行、管理的方法体系。项目结合行业办学特点，打造“绿色校园大课堂”，设立建筑技术实训基地，构建独特的绿色建筑校园文化。

3. 案例简介

（1）注重规划布局，文化特色鲜明

学院采用绿色理念，综合考虑当地气候特征系统规划校区布局，通过合理运用自然通风、自然采光，提高校区内建筑的舒适度，并合理利用可再生能源。校园建筑设计采用现代中式风格，合理控制建筑高度和空间尺度距离，与周边环境和谐融合，形成了“粉墙黛瓦、水墨江南”的鲜明地域特征。校园内 24 万多平方米的主要功能建筑都取得了绿色建筑设计标识，其中二星级及以上绿色建筑面积占比达 48%。

（2）实践绿色技术体系，节能减排效益显著

学院采用开源和节流两种措施推进校园节能。因地制宜采用光伏发电系统(图 4-3-2)、土壤源热泵中央空调系统、污水源热泵系统，建设区域能源集中供应站，为多栋建筑提供空调、采暖，满足生活热水需求。加强建筑运营管理，通过能耗监管平台加强用能监管，大大减少能源浪费。同时，因地制宜采用光导照明采光、自然通风、屋顶绿化、中水回用等多种技术，构建了校园绿色技术体系。加强建筑运营管理，通过能耗监管平台

图 4-3-2　宿舍屋顶太阳能光伏一体化应用

控制能源资源消耗总量，大大减少能源消耗。据测算，通过多种可再生能源技术应用，学校全年可再生能源替代率达到50%，可节约标煤约2335.3t、减排二氧化碳6118.5t，能源费用支出减少约240万元。

（3）探索海绵校园技术，水资源利用多措并举

学院引入“低影响开发”理念，探索海绵型校园建设，增强雨水就地入渗能力，利用湖泊水体植物对水质进行生物处理，营造了水清、鱼游、景美、岸绿的自然风貌，水体主要指标达到了国家地表三类水标准。敷设透水铺装地面3.5万m^2，实施屋顶绿化7611m^2，结合景观设计设置微地型和生态河岸，设置雨水花园景观滞流槽200余平方米，改造景观水域面积2.3万m^2，雨水收集库容近4万m^2，既有效降低了暴雨给校园造成的洪涝灾害威胁，还可以用收集的雨水浇灌绿化苗木、冲洗道路。

（4）营造绿色建筑文化，开展绿色理念教育

学院将绿色校园建设内涵从绿色设计、绿色施工、绿色运营拓展到绿色人文和绿色教育，将绿色校园项目建设的落脚点聚焦到具有可持续发展思想的人才培养。成立了“绿色校园运营管理委员会”，构建了“绿色建筑体验”“再生能源利用展示”“绿色建筑技术展示”“绿色交通体验”“绿色人文展示”5个版块30项绿色文化展示体验系统，建设了绿色校园展示中心、绿色校园建设图片展、绿色建筑宣传栏等宣传平台。在全校范围内开展“绿在城建”主题教育活动，让全体师生在校园里体验绿色、感悟绿色，积极倡导师生树立绿色观念、践行绿色行为。结合行业转型升级对绿色建筑人才的需求，在全国教育系统率先开设《绿色建筑概论》《绿色建筑施工管理》《海绵城市建设》等绿色校园相关的可持续发展教育的公共课程。

4. 示范意义

学院将工程建设和建设行业绿色人才培养相结合，充分挖掘绿色校园设施资源，使绿色建筑和绿色基础设施成为教学资源，开设了相关课程、专业，设立实训中心，构建了包含绿色建筑、绿色教育、绿色实践、绿色科技四方面的绿色校园文化。学院建成以来先后荣获“住房和城乡建设部科学技术项目”“江苏省绿色建筑创新奖一等奖”“江苏省人居环境范例奖”“中国建筑学会建筑科普教育基地”“江苏省科普教育基地”等荣誉称号。

3.1.2 绿色住宅——南京丁家庄二期保障房

1. 基本信息

丁家庄二期保障房项目（简称“项目”）位于南京二桥高速连接线附近，东至城东绕城，西至创新路，北至燕北路，南至燕春路与丁家庄一期保障性住房项目交界处。项目用地面积58.0万m^2，总建筑面积167.0万m^2（图4-3-3），建筑最高高度90.0m。项

目通过组团开发，建构“大混居、小聚居”居住模式，完善了包括交通、教育、卫生、商业、养老等社区配套设施，打造了一个新型城市功能区。

图 4-3-3　住区整体环境

2. 案例创新点

南京丁家庄二期保障房坚持“以人为本、生态宜居、可持续发展”的理念，采用了标准化、模块化和可持续化设计，在建造中融入绿色建筑的理念，采用装配式建造，并形成了一套系列化应用的装配式建筑体系。项目中两个地块获得三星级绿色建筑设计标识，其余地块全部获得二星级绿色建筑设计标识。项目作为海绵城市试点片区之一，通过优化道路排水设计、增设透水砖铺装、雨水花园、植草浅沟、下沉式绿地等海绵设施，在实现低影响开发的同时，保障了良好景观效果。

3. 案例简介

（1）融入绿色建筑设计理念

项目采用“小组团、大社区”的开发模式，打造了开放与融合的街坊式社区、无缝换乘的公共交通体系和完善便捷的公共设施网络，提升了居民的幸福感和满意度；通过打造多层次复合生态绿地系统、优质室内空气环境，有效改善了居住环境。项目 A27、A28 地块（8 栋高层，建筑面积 14.7 万 m^2）全部采用阳台壁挂式太阳能热水器，可再生能源利用率达 100%，建筑节能率达到 70% 以上，获得三星级绿色建筑设计标识。采用雨水回用系统，经处理后的雨水用于项目绿化灌溉，非传统水源利用率达 6.14%；建筑的东西南三面设置活动外遮阳，并实现外遮阳与建筑一体化，大大提高了建筑的舒适度；智能化系统设施完善，保障社区居住安全便利（图 4-3-4）。

图 4-3-4　住区绿化景观

（2）集成应用装配式建造

丁家庄二期保障房 A27、A28 地块项目通过标准化、模块化设计，建筑内部空间可以实现多样化组合，以满足不同人群的户型需求。项目设计采用了叠合楼板、预制阳台板及预制楼梯梯段板，内隔墙采用陶粒混凝土板；施工中采用了铝模施工工艺，实现了无外模板、无外脚手架、无砌筑、无粉刷的绿色施工，模板用量、现场模板支撑及钢筋绑扎的工作量大大减少。此外，项目采用装配式装修，使用了集成式厨房和整体式卫浴，楼梯、阳台等栏杆采用了成品组装式栏杆，方便维修、更换。项目主体结构预制率达 30% 以上，装配率达 60% 以上，工期缩短约 100 天，施工人员数量减少 30%（图 4-3-5 ~ 图 4-3-7）。

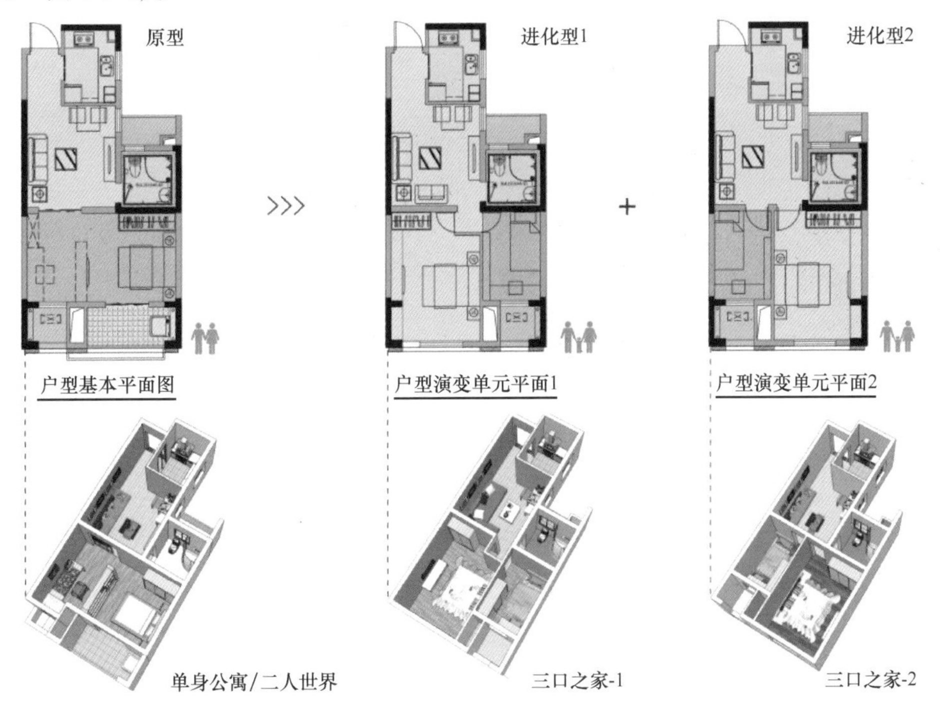

图 4-3-5　丁家庄二期 A28 地块户型全寿命期灵活可变性设计

图 4-3-6　预制混凝土剪力墙

图 4-3-7　PCF 混凝土外墙板

（3）试点打造海绵型社区

2017 年 6 月，丁家庄海绵城市试点被列入南京市“城市双修”试点工程。道路排水方案先进，将路面快速排水、雨水采集、沉淀过滤以及植物灌溉系统相结合，实现了雨水的充分渗透，并有效缓解了暴雨来袭时道路积水问题；通过屋顶绿化、透水铺装、下凹式绿地、雨水花园等海绵设施，实现了片区年径流总量控制率大于 80.0%，综合径流系数小于 0.5，有效地降低城市的热岛效应，改善了住区的微气候环境(图 4-3-8)。

图 4-3-8　住区绿色雨水基础设施（下凹式绿地 + 卵石缓冲区、植草砖停车场）

4. 示范意义

项目以绿色、循环、低碳理念指导保障性住房建设，集成应用了绿色建筑、装配式建筑、海绵城市等技术，提高保障性住房品质。项目的绿色化实践起到示范引领作用。项目通过了住房城乡建设部 AA 级住宅性能认定，获得第八届中国房地产“广厦奖”。

3.1.3 绿色办公——苏州中衡设计集团研发中心

1. 基本信息

中衡设计集团研发中心（简称“研发中心”）位于苏州工业园区独墅湖畔（图4-3-9），周边市政配套完善，交通便利。地上部分主要用途为办公，裙楼一层及地下一层为餐饮、健身及零售，地下二、三层为车库。

图4-3-9 研发中心外观

研发中心由中衡设计集团自行设计。用地面积1.4万m^2，总建筑面积7.5万m^2，其中地上建筑面积4.2万m^2，地下建筑面积3.3万m^2，建筑高度99.0m。

2. 案例创新点

苏州中衡设计集团研发中心用“干净”的现代手法“转意”传统文化，借鉴江南园林的院落式布局，设置室外庭院、屋顶花园、绿色中庭等，让使用者在高层建筑中也能体验“小桥、流水、人家”的意境，感受绿色宜人的园林式办公环境。作为一座绿色智慧办公楼，项目实施中建筑师的“空间调节”策略与工程师的“设备调节”策略高度融合，真正落实了“被动优先、主动优化”的发展理念。

3. 案例简介

（1）塑造多层次园林空间

研发中心大楼将传统、地域文化及园林特征融入现代办公建筑中，借鉴苏州古典私家园林“围合—中心—关联”的空间关系特点，通过优化建筑空间布局，强化自然采光、通风、垂直绿化、自动雨水收集系统与庭院、花园的有机结合。大堂、中庭和各办公空间遍布绿色，平均每 5m^{2}配有一株绿植（图 4-3-10）。

图 4-3-10　室内园林空间及自然采光效果

（2）系统集成绿建技术

积极运用雨水回收利用、垂直绿化、屋顶花园农场、可调节遮阳系统、新排风热回收等主被动绿色建筑技术，以及地源热泵空调、太阳能热水、风光能联合发电等可再生能源技术，实现多种绿色建筑技术系统集成和智慧运营，达到了“节地、节能、节水、节材、室内环境优良、运营管理智慧”的绿色建筑目标（图 4-3-11）。

图 4-3-11　屋顶太阳能光伏系统

（3）组织人性化办公环境

研发中心的交错院落式设计将自然风、自然光和多种绿化引入办公空间，室内环境监测平台将实时监测到的空气品质转化为可读指标通过网络向员工展示（图 4-3-12），实现了自然、健康、可信赖的办公环境。考虑到员工工间、下班后的休闲健身需求，研发中心设置了开放式咖啡厅、藏书楼、茶水间和母婴室，安排了地下健身空间、室内游泳池和屋顶露天健身空间，大幅度提升了员工对办公环境的满意度和归属感。

图 4-3-12 室内环境监测系统界面

4. 示范意义

中衡设计集团研发中心实现了“绿色健康 生态自然”的目标，是一座真实可用、可示范展示、具有人文关怀的绿色智慧建筑。项目通过地源热泵等节能设备技术的使用，用电量降低了25.0%；通过收集回用雨水，市政用水量降低了13.0%。在使用者满意度调查中，室内环境总体满意度和物业管理服务总体满意度均接近满分。项目获“三星级绿色建筑标识”“健康建筑三星级运行标识”，获得“全国勘察设计行业优秀工程”公共建筑一等奖、建筑智能化专业二等奖、建筑环境与能源应用三等奖、“江苏省优秀工程勘察设计”等多项荣誉。

3.1.4 绿色医院——南京河西儿童医院

1. 基本信息

南京河西儿童医院（简称“医院”）位于南京市建邺区江东南路西北侧、友谊路东北侧（图4-3-13）。医院包括门（急）诊楼、医技病房楼、综合楼、感染楼，用地面积8.3万m^2，总建筑面积23.3万m^2，整体容积率2.1，其中地上建筑面积1.7万m^2，地下建筑面积6.2万m^2，建筑高度58.0m。

2. 案例创新点

医院以提供轻松、舒适、便捷的就医体验为目标，以创建“绿色医院”为导向，

图 4-3-13　河西儿童医院鸟瞰

通过精心的设计、精细的建造、精准的管理，打造了一座绿色健康的专业医院。医院充分考虑医疗建筑特征和儿童心理，设计了花园式室外环境、颇具童趣的入口门厅、人性化的诊疗空间；因地制宜地采用绿色建筑技术，营造了舒适健康的室内环境；采用 BIM 技术和“智化医疗”体系，实现智慧高效的建造和运营。河西儿童医院是江苏第一所，也是唯一一所获得“三星级绿色建筑设计标识”的儿童医院。

3. 案例简介

（1）“以人为本”的理念设计人性化的医疗建筑

医院充分考虑医疗建筑特征和儿童心理，以最佳就医体验为目标。门诊大厅的动态投影卡通画和大色块渲染的主题墙面，为儿童提供乐园般的环境（图 4-3-14）；配备婴儿换洗台，儿童专用洁具、洗手池、安全扶手、识别标识等定制配套设施，便于患儿使

图 4-3-14　医院门厅

用。熟练地运用室内色彩设计为患儿营造轻松愉悦的诊疗环境，同时起到辅助治疗的作用；重视自然采光、自然通风和功能流线设计，为医护人员创造便利舒适的工作场所。室外立体景观构筑花园式医院；交通组织采用人车立交分离，有效避免了出入口拥堵。（图4-3-15、图4-3-16）。

图4-3-15　一次候诊区

图4-3-16　门厅采光顶和中庭采光天井

（2）绿色生态技术助理舒适健康的室内环境

以“绿色医院”为目标，医院集成绿色生态技术以营造舒适健康的就医环境。门诊大厅生态中庭及室外光导管系统有效改善室内采光效果，通高庭院顶部的活动遮阳板与拔风风帽实现了室内自然通风；外立面采用双层呼吸表皮，既有丰富的立面效果，又有良好的光线和室温调节作用。项目通过太阳能热水系统、太阳能光伏系统、余热利用、节能灯具、雨水回收利用技术，满足使用需求的同时实现节能节水目标（图4-3-17、图4-3-18）。

图4-3-17　能源站机房

图4-3-18　门诊楼屋顶的光导管

（3）"智能化医疗"体系引领智慧高效的运营管理

医院施工过程中采用BIM仿真施工技术，运营后引入"智能化医疗"体系，集成了药品传输系统、排队叫号系统、ICU探视监控系统、手术示教系统等，提供智能、便捷、高效的就医新体验。医院设置完善的楼宇自控系统，可分类计量各类设备能耗，并根据医院人流量调节设备运行状况。

4. 示范意义

河西儿童医院以人性化的医疗环境成为南京最受欢迎的专业医院之一。医院作为河西新城绿色建筑示范项目，先后获得"鲁班奖""全国建筑业绿色施工示范工程""省部级建筑新技术应用示范工程""中国安装之星""江苏省优秀设计工程"、江苏省"扬子杯"优质工程奖、"南京市建筑优质结构工程"等荣誉。医院运营后年综合电耗为73.1kW·h/(m^2·a)，远远低于江苏省医疗卫生建筑平均数据84.3kW·h/(m^2·a)。

3.2　建　筑　节　能

3.2.1　节约型机关——江苏省人大机关综合楼

1. 基本信息

江苏省人大机关综合楼（以下简称"综合楼"）坐落于南京市鼓楼区中山北路32

号，用地面积4.0万m^2，建筑面积7100m^2，建筑高度15.8m，始建于20世纪30年代，是全国重点文物保护单位（图4-3-19）。综合楼功能包括办公和居住。

图4-3-19　保留的建筑外立面

综合楼由于建设时间早，未进行节能设计，外窗气密性差、建筑西南侧西晒严重，空调系统老化，室内空间环境舒适度较差，迫切需要开展节能改造。2010年综合楼启动了节能改造，保留建筑原有历史风貌，采用了围护结构和照明系统节能改造，暖通空调系统优化，增设屋顶绿化、建筑智能化系统等改造措施，实现了“健康舒适”的改造目标。

2. 案例创新点

综合楼是全国重点文物保护建筑，在改造过程中保留了建筑原有的历史风貌，综合考虑节能效果、经济效益、美观等因素，对建筑墙体、机电设备、室外环境等综合诊断、综合施策进行改造，达到了改善室内外环境，提供健康、适用的使用空间，改造后大幅度提高了办公室内环境质量，实现了节约资源、保护环境、减少污染的目标。

3. 案例简介

（1）改造的同时保护建筑历史风貌

综合楼属于历史保护建筑范围，该项目的改造不能破坏建筑原有立面风格，因此需要有针对性地对建筑围护结构进行节能改造。为满足不破坏建筑外立面和防火的要求，将外墙保温材料由外转内，采用外墙内保温形式，结合项目室内装修，在外墙内侧敷设玻璃棉和厚石膏板，使外墙隔热效果达到65%节能率的要求。

（2）改善环境的同时提升舒适度

综合楼原办公和生活环境较差，外窗气密性差、建筑西南侧外窗西晒严重，原空调系统老化，效果性能不佳，室内环境舒适度较差。通过本次改造，将原外窗全部更换为断桥铝合金 Low-E 中空玻璃窗，并在西侧安装铝合金百叶卷帘外遮阳，并通过更换空调系统及新风系统，各房间空调末端灵活调节，室内热湿环境和舒适度得到大幅提高（图 4-3-20）。室外增大了场地绿化面积，绿地率由原来的 34.0% 增加到 40.0%，屋面进行部分屋顶绿化（图 4-3-21），室外环境得以提升，另外通过设置较高的绿化屏障和高性能隔声外窗，有效地隔声降噪，改善了场地和办公空间声环境。

图 4-3-20　活动外遮阳

图 4-3-21　屋顶绿化

（3）设备改造优先考虑节能效果

综合楼改造对重点用能设备进行了更换，对老化设备系统进行更换，采用变冷媒流量多联机系统，并配置 14 台全热交换器新风机组；更换节能灯具和节水器具；屋顶设置 8.0t 热水箱及 160.0m^2 太阳能集热板，采用热水锅炉辅助加热后供水等重点用能设备改造。另外，对建筑用电、用水、用气进行分类分项计量，使得改造效果可测、可考、可感知。配合适当的节能管理措施，项目能耗逐年降低，年节约用电约 30 万 kW·h，节能效益显著。

4. 示范意义

该项目妥善解决了历史建筑保护和使用性能提升的矛盾，在不改变建筑外立面的前提下，做到了建筑安全性和舒适性的提升，达到了“健康舒适”的改造目标，获得了良好的经济、社会、环境效益。

3.2.2　既有住区宜居改造提升——镇江三茅宫二区

1. 基本信息

镇江市三茅宫二区（以下简称“住区”）位于镇江市润州区朱方路 108 号，周边生活设施配套齐全。住区是既有住宅建筑节能改造项目，改造对象包括36幢（16～51号）住宅楼。住区用地面积3.8万m^2，总建筑面积6.2万m^2，建筑高度16.8m，居民户数约865户，常住人口约2765人。改造前后项目外观实景见图4-3-22。

(*a*)

(*b*)

图4-3-22 改造前后住区环境
（*a*）改造前；（*b*）改造后

2. 案例创新点

住区以绿色生态、因地制宜、经济适用的改造理念，结合镇江本地气候特征，从环境舒适性、技术适宜性、模式可复制性入手，深入分析老旧住宅的“绿色水平”与当代建筑的“绿色需求”的差距，确定了以“装配式木桁架平改坡技术”为核心的外围护体系节能改造，以“海绵城市建设”为依托的场地生态改造两大重点环节。项目在降低既有建筑能源、资源消耗水平的同时，体现了建筑宜居性的重要人文内涵，实施过程中所建立的全过程沟通管理机制，确保了改造工作的顺利进行。

3. 案例简介

（1）综合提升建筑品质

项目因地制宜地采用了“装配式木桁架平改坡技术”（改造面积118000m^2），通过工厂预制、快速化现场拼装等技术措施，合理地规避了老旧小区改造因场地局限性、复杂性和多样性带来的工程难题，改造后屋面防水、排水、防潮、防腐、隔声、保温、隔热性能均有大幅提升（图4-3-23）。外墙所采用的“喷涂节能改造技术”（改造面积

60810.0m^2）经济适宜，改造后建筑立面渗漏缺陷基本得以修复，保温、隔热性能显著提高。外窗采用塑钢材中空玻璃窗（改造面积4412.0m^2）替换原有老旧外窗后，热损失可减少约70%，隔声性能有质的提升。通过以上技术措施的综合实施，建筑的冬季室内平均温度可高出4~6℃，夏季室内平均温度可降低4~5℃。

图4-3-23 改造中安装的屋顶木桁架

（2）因地制宜添“海绵”

针对小区绿化分散等不利因素，项目通过下凹式绿地、雨水花园、透水铺装、屋面绿化（约700.0m^2）、局部雨水储罐（约30个）、径流监测系统（1套）的合理穿插，全面完成了“镇江市海绵城市建设”的指标要求。改造后小区的防水排涝能力明显提升，暴雨季常见的内涝、积水问题基本消除。绿化水平的综合提升削弱了小区内热岛效应，节约了绿化用地，增大了户外活动场所遮阴面积，对改善小区内微环境、加强居民与公共休憩场所的交互均起到了积极作用（图4-3-24）。

图4-3-24 改造后的住区公共环境

（3）建立长效管理机制

项目围绕“惠民工程”，建立了以建设单位负责，政府部门监管，居委会及小区物业管理单位联动的长效管理机制。工程改造实施前，坚持入户调查（共计865户）的工作准则，积极开展项目宣传，解答住户疑虑。项目实施过程中，加强对施工单位的管控，杜绝了安全事故和扰民事件的发生。项目结束后，及时进行回访调查，并通过径流监测系统等科学手段掌握项目实际运行动态。

4. 示范意义

项目在关注建筑综合品质的同时，同步实现了建筑低能耗、材料低损耗、场地高利用率、雨水合理利用等既定目标，使老旧小区的绿色改造发挥出建筑绿色化最大的潜能，显著地提升了小区宜居水平和群众生活品质。据统计，项目改造后建筑综合能耗从32. 6kWh/(m^2·a）降至19. 6kWh/(m^2·a)，建筑物实际节能率可达63. 3%，整体年节能量约79. 9万kW·h，折合标煤266. 5t。项目于2015年获得了“省级节能减排专项引导示范项目”称号，同时被纳入中国与加拿大共同推广现代木结构建筑技术的示范项目。

3. 2. 3 可再生能源建筑应用——南京鼓楼医院南扩楼太阳能热水改造

1. 基本信息

南京鼓楼医院南扩楼（简称“南扩楼”）坐落于南京市中山路321号（图4-3-25）。用地面积2. 1万m^2，总建筑面积22. 5万m^2，建筑整体共14层，建筑高度58. 3m。根据建筑功能分为A、B、C三区，A区为门诊楼（5层）、B区为急诊及住院部大楼（14

图4-3-25 鼓楼医院南扩楼外观

层)、C 区为医技楼(6 层)。南扩楼改造主要内容是在楼顶设置 470 组全玻璃热管型集热器,合计热管 11750 支,集热面积 1760.0m^2,可满足 3000 人左右的生活热水需求。

2. 案例创新点

(1)一体化设计:设备与建筑屋面良好融合

南扩楼太阳能系统遵循了与建筑同步设计、同步施工和同步验收的原则,在综合考虑了医院总体建筑设计、消防管道、通风井、风机盘管、线缆桥架等楼面设备全面协同的基础上,采取了“高空廊架对称屋檐式”布局方案,有效地利用屋面空间,整套系统宛如巨大的蓝色天窗平铺在屋顶上,既充分利用太阳能集热,又起到隔热作用,同时实现了太阳能与建筑屋面良好结合(图 4-3-26)。

图 4-3-26 屋顶太阳能集热器布置

(2)多技术耦合:太阳能与蒸汽辅助热源系统联合

本项目充分利用了原有的蒸汽换热设备,采用太阳能 + 蒸汽换热辅助加热的方式,在满足医院 24 小时热水用水需求的前提下,减少了系统的重复投资。系统采用太阳能预加热和辅助热源二次加热的模式,优先使用太阳能资源,保证了系统的最大节能效果。

(3)智能化监控:远程自动控制与节水管理

太阳能热水控制系统采用工业级可编程控制器,实现远程自动化控制,无需专人管理,保证控制系统稳定可靠、控制灵敏、抗干扰能力强;控制系统自动分析,实现优先利用太阳能,最大限度地减少辅助加热能源的消耗,保证系统安全、稳定运行的目标。在末端节能控制方面,用户采用智能刷卡系统使用热水,节约了水资源和能源,并保证病区每床位每天可刷卡使用半小时的热水(图 4-3-27)。

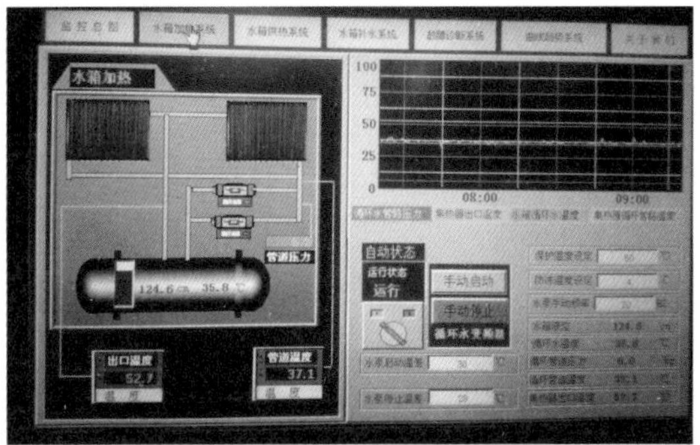

图 4-3-27　太阳能热水系统机房及控制界面

4. 示范意义

南扩楼太阳能热水系统目前已经投入运营六年，累计产生太阳能热水约 20 万 t，合计节约费用约 500.0 万元，达到了良好的节能效果。本项目是太阳能热水系统在医疗建筑中应用的一次成功尝试，为进一步创建绿色医院积累了实践经验。

3.2.4　超低能耗被动式建筑——盐城日月星城幼儿园

1. 基本信息

盐城日月星城幼儿园（简称“幼儿园”）位于盐城城南新区（图 4-3-28），盐渎路与日月路交会处，用地面积 762.0m^2，总建筑面积 1524.0m^2，建筑高度 8.7m，是我国夏热冬冷地区第一个幼儿园类超低能耗式建筑。

图 4-3-28　幼儿园鸟瞰

2. 案例创新点

幼儿园是国内夏热冬冷地区第一个幼儿园类超低能耗被动式建筑示范项目，该项目充分考量当地的气候条件及生活用能习惯，在用能极低的情况下，为小朋友提供安全舒适的室内外环境。

3. 案例简介

（1）安全防火的外保温系统

建筑外墙采用 A 级防火岩棉外保温系统，在保证建筑外墙保温性能的同时，保证了墙体的防火安全性。严格按照德国标准工艺进行施工铺装，并配备窗口连接线条、护角线条、预压防水密封带等系统配件，提高了外保温系统保温、防水和柔性连接的能力，墙体传热系数达到 0.18W/(m・K)。

（2）无热桥设计门窗系统

外门窗采用高效保温铝包木窗，整窗传热系数为 0.9W/（m・K)，整窗无热桥构造安装，窗框与外墙连接处采用室内侧防水隔汽膜和室外侧防水透气膜组成的密封系统。应用了门窗连接线和成品滴水线条作为防水，窗台设计了金属窗台板，窗台板为滴水线造型，既保护保温层不受紫外线照射老化，也可导流雨水，避免雨水对保温层的侵蚀破坏。

（3）智能感应外遮阳系统

活动外遮阳设备采用电动驱动（图 4-3-29)，并具有智能化感应控制，根据太阳能照射及角度变化可自动升降百叶和调节百叶角度，智能感应控制系统保证了百叶帘能够依据风、光、雨、温度自动开合，并保护百叶帘在霜冻、大风时等有害气候条件下不受损害。

（4）真空除湿新风系统

针对幼儿园教室的人员密度大导致 CO_2易超标、细菌易传播等问题，新风系统采用了新风与回风相结合的空气流动方式，设备采用真空除湿技术及石墨烯热能转换芯体，从而实现对新风有效地除湿及温度合理控制。通过设备标配的云测仪可以将室内的温度、湿度、CO_2及 $PM_{2.5}$等净化数据实时显示在室内的液晶控制面板上，云平台系统通过账号管理，可将净化数据实时推送至园方领导及家长手机 APP 客户端（图 4-3-30)。

图 4-3-29　智能感应外遮阳系统

图 4-3-30　室内空气质量检测系统界面

4. 示范意义

幼儿园是大多数孩子接触社会，进行集体生活的第一站。该项目通过大量创新技术的应用，给幼儿提供了一个安全舒适健康的室内外环境。项目建设运营中的一些节能环保的理念，也能让在幼儿感知体会，培养他们绿色生活的良好习惯。该项目是江苏省超低能耗被动式建筑示范项目，在2017年被授予“中德合作高能效建筑——被动式低能耗建筑质量标识”，同时还作为案例，支撑了省级超低能耗被动式建筑相关技术研究工作的开展。

3.3 绿色城市/城区

3.3.1 南京河西新城（国家绿色生态城区、省级绿色生态城区）

1. 区域概况

南京河西新城（简称“河西新城”）位于南京市主城区西南部，规划定位是南京市的商务、商贸、体育、文体等功能为主的城市副中心，行政区划面积94.0km^2，其中南部片区与江心洲共30.0km^{2}作为省级绿色生态城区（图4-3-31、图4-3-32）。河西新城始终坚持城市总体规划和控制性详细规划提出的紧凑用地、混合布局、生态优先等理念，围绕如何有机疏散老城区功能的核心问题，在城市空间布局、能源系统、水资源系统、交通系统等方面开展了绿色实践。

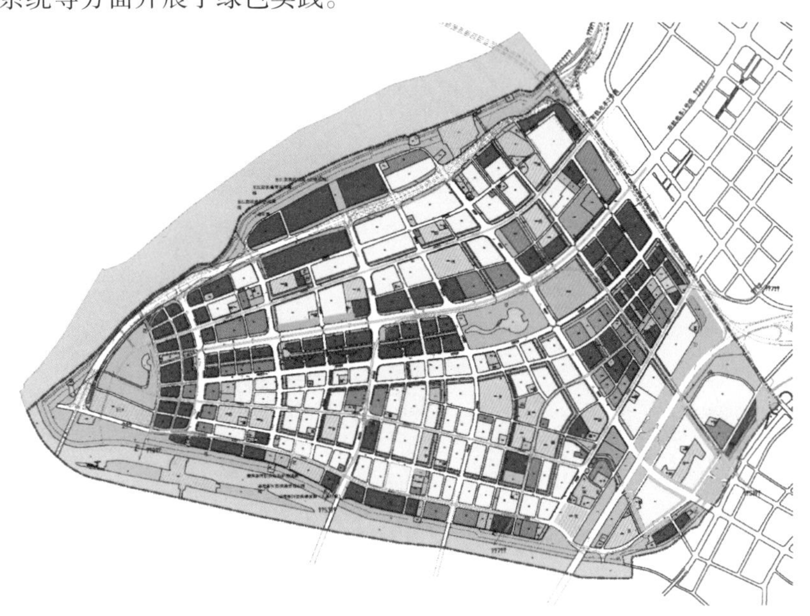

图4-3-31 南京河西新城南部片区控制性详细规划图

图 4-3-32　南京河西新城南部片区鸟瞰

2. 案例创新点

河西新城绿色生态城区作为疏散南京老城功能、拓展城市空间的承载区，承担着老城区人口疏散的重要责任。河西新城在规划建设过程中始终坚持以人为本，紧紧围绕“绿色、人文、紧凑、集约”的理念，通过高标准的规划设计，全面统筹城区地上地下空间资源、生态环境能源资源、生产生活配套资源等，逐步建成了人居环境良好、城市紧凑集约、建筑绿色生态、设施配套齐全的绿色新城。通过高质量的人居环境建设，吸引高端人才、科技产业进驻，初步形成了疏散城市功能的“反磁力”中心，带动了区域人才发展和产业创新，提升了南京城市首位度。经阶段性评估研究，河西新城现有人口约 46 万人，建成区职住平衡指数达到 97. 8% 。

3. 案例简介

（1）绿色生态专项规划引领、建立全过程管理闭合机制

河西新城在城市总体规划等上位规划系统全面的基础上，组织编制了《南京河西新城能源利用规划》《南京河西新城绿色交通规划》等 8 项绿色生态专项规划和 6 项技术导则，将专项规划嵌入现行城市规划管理体系，与控制性详细规划衔接，并将绿色建筑、可再生能源应用等关键指标纳入规划设计要点，指导绿色生态项目落地。在规划实施过程中，跟踪开展绿色建筑、区域能源系统等动态运营评估，及时查找问题，提出改进措施，提高运营效率。

（2）空间布局紧凑混合、生产生活节约高效

河西新城在规划建设过程中注重职住平衡，重点发展现代金融、信息服务、商贸零售

等产业，不断吸引城市就业人口迁移，有效降低与老城的“钟摆式”交通，阶段性运营评估结果显示，建成区职住平衡指数达97.8%，倡导商住、商办等混合用地模式，探索形成交通综合体、市政综合体、社区综合体等创新用地混合模式，建成区混合用地比例达15.9%。同时坚持土地高强度开发，建成区净容积率1.6，注重地下空间开发，建成区平均地下容积率约0.5，有效提升了土地利用强度。

（3）能源资源集约节约、生态环境宜居宜业

河西新城注重区域能源、水资源、交通资源的统筹协调，减少现有自然资源的消耗，提升生产生活空间的绿色品质。城区内建筑可再生能源应用比例超过70.0%，规划建设11座分布式能源站集中为周边建筑供能。新建建筑100%落实雨水回用设施，雨水回用率达到5.2%，在江心洲生态岛实现再生水管网规划全覆盖，建成后每年再生水利用量达到336.0m^3。构建了由地铁、有轨电车、公交、公共自行车等组成的复合交通系统（图4-3-33），经调研统计，绿色交通出行比例达88.0%。同时，在规划建设过程中，充分保留原有水面、湿地、绿地等生态基底，建成区人均公共绿地16.9m^2，建设海绵型生态公园，公园绿地500m覆盖率达到100%。建设地下综合管廊8.9km，降低地下二次开挖造成的城市环境破坏（图4-3-34）。

图4-3-33 有轨电车

图4-3-34 地下综合管廊

4. 示范意义

河西新城在推进城市新区的规划建设中，充分考虑了老城市功能的有机疏散。河西新城的建设相较于老城人居环境更宜人，城市空间更绿色，生活配套更便捷，就业岗位更丰富，吸引更多人到新城中生活工作，从而形成对老城的人口反磁力。通过反磁力的形成，实现了老城的有机疏散。在疏解城市功能之外，通过新城开发建设，推进“金融、科技、信息”等新型产业发展，吸引高端科技人才，驱动新城创新创造活力，实现新城与老城的协调发展。

3.3.2　苏州工业园区（省级绿色建筑区域示范）

1. 区域概况

苏州工业园区（简称“园区”）位于苏州市城东，1994 年 2 月经国务院批准设立，同年 5 月实施启动，行政区划面积 278.0km^2，其中，中新合作区 80.0km^2，是中国和新加坡两国政府间的重要合作项目（图 4-3-35、图 4-3-36）。2018 年，园区共实现地区生产总值 2570.0 亿元，户籍人口 54.1 万，常住人口 81.9 万。

图 4-3-35　园区用地规划图

图 4-3-36　园区月亮湾夜景

2. 案例创新点

园区围绕“城市布局紧凑、生态环境友好、资源能源节约”的发展目标，充分借鉴新加坡成熟的城市规划模式，始终坚持以高起点规划引领高水平开发。遵循“三分规划，七分管理”的实施原则，在产业城市融合发展、绿色市政基础设施建设、绿色建筑发展机制、开发建设金融模式等方面发力创新，通过建设与产业发展不断提升园区在苏州市的首位度，打造了产业经济发达、生态环境优美、生活环境宜居的城市新中心。

3. 案例简介

（1）规划先行，产城融合引领发展

园区在开发之初就形成了覆盖概念规划、总体规划、控制性详细规划和城市设计以及相配套的规划管理技术规定等一整套严密完善的规划体系，制定了300多项城市和专项规划，实现了一般地区详细规划与重点地区城市设计的全覆盖（图4-3-37）。通过紧凑、有序的布局城市生产、生活和生态功能，为建设绿色生态城区打下了坚实的基础。园区以工业立身，通过不断升级产业层次推动发展定位提升，通过规划调整不断优化产城关系，成为以知识产业和商贸服务业为主要产业发展方向，城市人口和高端科技管理人才向往的聚居之地。

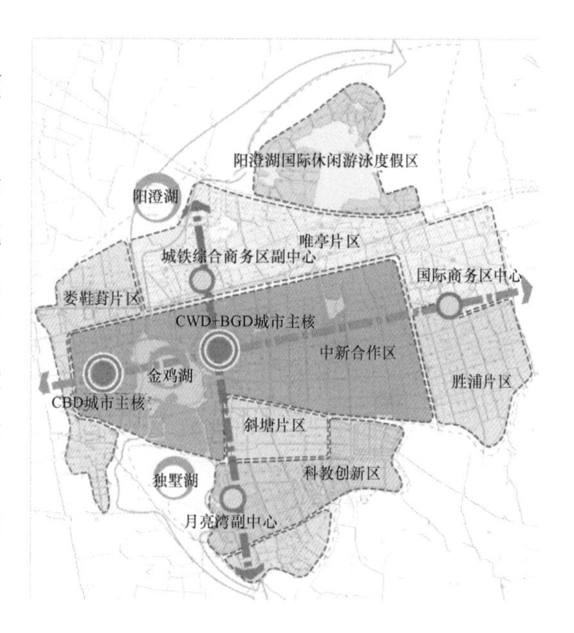

图4-3-37　园区规划结构图

（2）集约发展，绿色市政设施集成示范

为了给可持续发展提供长效支撑，园区注重绿色市政基础设施的规划与集中实施，通过集成技术集聚示范，建成了一批省内领先的绿色市政基础设施示范项目。园区在月亮湾区域建成了集供冷供热中心与公交首末站、社会停车场于一体的新型市政综合体；将污水处理厂、污泥干化厂和热电厂三个市政项目集中布局，建成处理能力达3.0万m^3/日的两个中水回用项目，日处理300.0t湿污泥的污泥干化项目，有效实现了资源的循环利用和共建共享（图4-3-38）。园区建成了7.5km长的桑田岛综合管廊建设，包括“常规公交—轨道交通”“公交—自行车”等多种类型的交通方式和换乘枢纽的绿色交通出行体系，这些项目节约了土地资源、投资建设成本，对优化城市环境、提升运行管理效率、促进城市的可持续发展具有重要意义。

图 4-3-38 污泥干化设备和月亮湾集中供热供冷中心

（3）机制创新，绿色建筑全面推进

绿色建筑发展一直是园区规划建设工作的重要内容之一。园区早在 2004 早就借鉴美国、新加坡等国外先进经验，结合园区实际积极研究绿色建筑相关政策，并于 2006 年颁布了《园区绿色建筑评奖办法》。2007 年又成立了以管委会主任为组长，各局办主要负责人为成员的节能减排（建筑节能）工作领导小组，基本形成了齐抓共管、协同推进建筑节能与绿色建筑工作的局面；并于同年启动了绿色建筑“1680”工程计划，通过设立 1 项发展基金、出台 6 项扶持政策、推行 8 大节能技术、建设十大亮点工程，全力推动高效低耗、健康舒适、生态平衡的绿色建筑发展，绿色建筑总量、三星级和运行标识总量全省领先。园区绿色建筑中新生态科技城和青剑湖学校见图 4-3-39。

图 4-3-39 园区绿色建筑（中新生态科技城和青剑湖学校）

（4）创新金融模式，全面服务园区建设

园区通过政府设立商业性借款机构主体，培育借款人“内部现金流”，同时通过财政补偿机制，将以土地出让收入等财政性资金转化为借款人的“外部现金流”，使政府信用有效地转化为还款现金流。园区成立“地产经营管理公司”，吸引国开行贷款支持“九通一平”及其后的滚动开发。园区是国内第一家通过发行企业债券募集基础设施建设资金的开发区，在借鉴和吸收国外经验的基础上，大胆探索市政公用事业改革，水、燃气等部分公用事业告别了政府“包办”的历史。同时，设立“创业投资基金”，积极引进创投资本。目前，园区各类创投基金超过300多家，管理基金规模超过600.0亿元[1]。

4. 示范总结

20年来，苏州工业园区始终坚持以绿色理念引导绿色发展，走出了一条集“科技创新、经济循环、资源节约、环境友好”于一体的绿色发展道路。绿色生态城区的系统化推进，助力了园区经济社会环境的高水平发展。园区多次位列中国城市最具竞争力开发区榜首，获批全国首个“数字城市建设示范区”、首批“智慧城市”试点，江苏省级建筑节能与绿色建筑示范区，生态环保指标连续4年列全国开发区首位。园区绿色生态发展实践为新时期产业园区转型升级提供了良好的路径和样本。

3.3.3 无锡太湖新城（国家绿色生态城区）

1. 区域概况

无锡太湖新城（以下简称“太湖新城”）位于无锡市南部，东起京杭运河，西接梅梁湖，南依太湖，北至梁塘河，总面积约150.0km^2，规划人口约100.0万，现常住人口约42.0万，户籍人口约20.0万。功能定位为“无锡城市新中心，产业发展新高地，生态宜居新家园”。太湖新城核心区62.0km^{2}是住房城乡建设部批准的首批国家级绿色生态城区，是中国和瑞典两国政府间的重要合作项目。

2. 案例创新点

太湖新城是国家首批绿色生态城区，通过立法出台了全国第一部地方性生态城条例，以法律实行严格的规划控制、建设管理和运行实施，在资源能源利用、建筑节能、公交优先和慢行系统建设方面作出创新性的规定，体现了生态城建设的特色。通过国际合作，在规划设计、技术应用、生态建设、城市管理等方面，借鉴国内外先进生态城市建设理念和成功经验，按照“七个可持续”标准，高标准建设一流领先的中瑞低碳生态城。同时，太湖新城在规划引领、绿色建筑高标准规模化发展、节约型城乡建设等方面成效显著，规划建设水平在全国处于领先地位，构建了一套宜居宜业、产城融合的创新城市基本框架。

3. 案例简介

（1）立法保障生态城区规划建设

无锡市《太湖新城生态城条例》（以下简称《生态城条例》）是全国第一个以规范生态城建设为目标的地方性法规，包括总则、生态城规划、生态城建设、生态城管理、法律责任和附则等共计6章43条，明确指出了制定本条例的编制目的、适用范围等。《生态城条例》在适用范围方面充分考虑了新城发展的规律，强调了时序性和过程管理

[1] 浦亦稚．苏州工业园区融资模式研究．科学发展，2014.9.

的思维，规定建设用地使用权的出让遵循生态优先的原则，土地使用权出让合同应当明确具体的生态建设指标和违约责任；市发展和改革、城乡规划、建设、环境保护等主管部门应当在项目审批、建设管理、竣工验收等环节严格落实生态建设指标。通过法律引领和推进生态城建设，不仅有利于保障城市发展新思维从理念到行动的贯彻落实，还有效地对行政主管部门和参与城市建设的不同群体进行监督和管理，与其他法律体系协同作用，保障生态城朝着既定的目标保质保量地进行探索实践。

（2）绿色生态理念研究系统深入

在完善总体规划、控制性详细规划等传统规划的基础上，从发展的“系统性、整体性、协同性”角度构建多层次的生态规划体系，并反馈调整、完善原有法定规划，强化生态目标在控制性详细规划和专项规划中的落实，提高生态规划的实效性和可操作性。2007 年以来，太湖新城共编制完成《无锡市太湖新城生态规划》《中瑞生态城总体规划》两个生态城规划，形成了《无锡太湖新城国家低碳生态城示范区规划指标体系及实施导则（2010—2020）》《无锡中瑞低碳生态城建设指标体系及实施导则（2010—2020）》两个规划指标体系，并对《太湖新城控制性详细规划生态指标更新》《中瑞低碳生态城控制性详细规划修编》进行了两次修编，同时还完成了能源、水资源、公共交通、环卫设施等 10 多项生态专项规划，建立了一套完整的生态规划体系。如图4-3-40、图4-3-41所示。

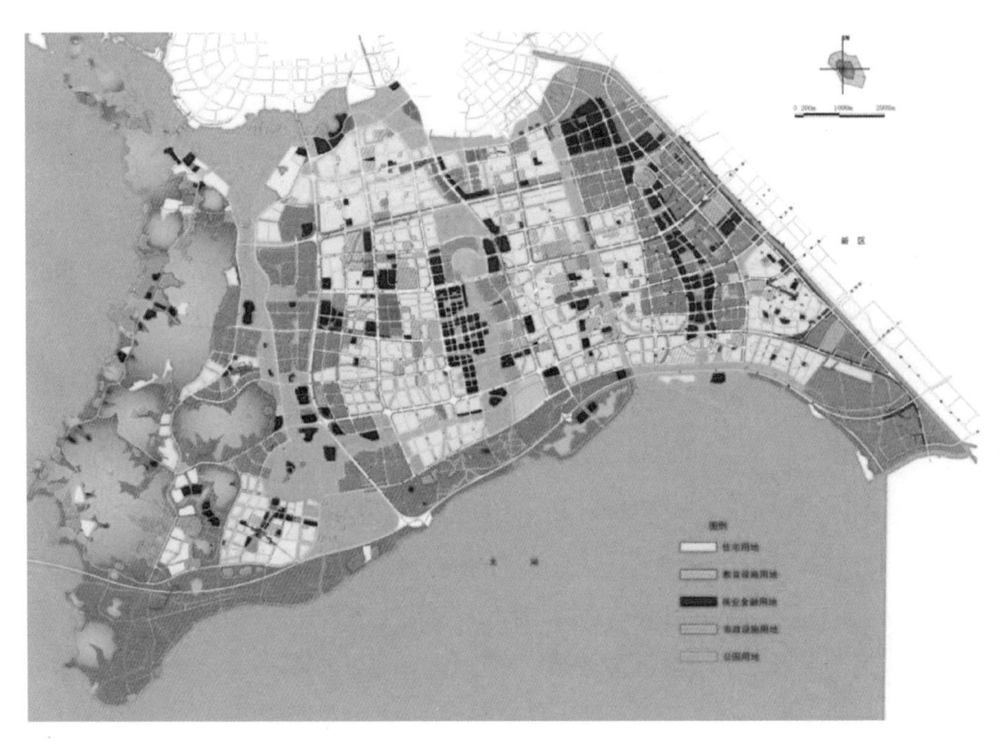

图 4-3-40　太湖新城用地规划图

（3）国际合作共建绿色生态城区

2009年10月，无锡市政府与瑞典王国中瑞环境技术合作办公室签订了《合作共建生态城意向书》，2010年7月，住房城乡建设部与瑞典王国环境部签署合作备忘录，将无锡中瑞低碳生态城纳入国家层面合作的重要示范项目。太湖新城以“走出去、引进来”的原则，学习借鉴瑞典先进生态城市建设理念和成功经验，紧密结合无锡自然、社会及产业实际，确立了以可持续城市功能、可持续生态环境、可持续能源利用、可持续固废处理、可持续水资源管理、可持续绿色交通、可持续建筑设计为重要内容的具有国际领先水平的生态城市建设标准。2016年11月，无锡与芬兰拉赫蒂市签署两市城市规划试点项目合作意向书，双方就生态城市规划设计方法、建筑数字化信息模型（BIM）在建筑设计中的应用等进行积极探讨。

图4-3-41 太湖新城绿色建筑布局规划

（4）“产城融合”建设生态宜居新城

太湖新城围绕“无锡城市新中心、产业发展新高地、生态宜居新家园”目标，一方面珍视生态环境绝佳的资源禀赋，不断提升新城环境水平。目前金匮公园（图4-3-42）、

图4-3-42 金匮公园樱花林

尚贤河湿地、贡湖湾湿地、长广溪湿地等环境工程已基本建成，形成了“环湖、滨水、连山”的生态新城雏形（图 4-3-43）。在推动绿色建筑高标准规模化发展的同时，实施了分布式能源站及污水源热泵能源中心（覆盖面积 26.0km^2）、市政再生水管网（长度 42.3km）、海绵城市建设、绿色交通系统、真空垃圾收集系统等节约型城乡建设重点工程，为生态城的持续建设打下坚实基础。另一方面着力补足功能配套和产业发展的短板，以产兴城、以城促产，构建了金融商务、大数据、运动健康、文化旅游“四驾马车”齐头并进的产业发展格局，为新城居民创造了宜居宜业的优质生活环境。

图 4-3-43　巡塘老街鸟瞰

4. 示范意义

太湖新城（图 4-3-44）作为住房城乡建设部授予的“国家低碳生态城示范区”、瑞典王国环境部授予的“中瑞合作示范项目”、国家首批“绿色生态城区”、江苏省首批“建筑节能和绿色建筑示范区”，广泛吸收借鉴国内外先进发展理念和经验，并结合实

图 4-3-44　太湖新城鸟瞰

际，因地制宜进行创新和发展，探索出一条低碳生态城建设的成功之路。太湖新城以立法形式规范低碳生态城市培育发展的全过程，从生态、能源、废弃物、绿色交通、低碳经济等专项规划入手，提出了具体的绿色生态指标和技术措施，并开展系统深入的绿色生态专题研究，建设了湿地系统、再生水管网系统等一批国内领先的生态基础设施项目，通过确立城区绿色生态模式，带动整个无锡的绿色、低碳、生态理念的实践和发展。

3.3.4 常州市（既有建筑节能改造示范城市）

1. 区域概况

常州地处江苏省南部，沪宁线中段，属长江三角洲沿海经济开发区，包含武进、新北、天宁、钟楼、金坛五个区，以及1个县级市（溧阳），总面积4375.0km^2。截至2017年，常州市存量建筑2.1亿m^2，非节能建筑6782.8万m^2，占比31.6%，具有巨大节能潜力（图4-3-45）。

图4-3-45 常州市钟楼区

2014年7月，常州市被列为江苏省首批既有建筑节能改造示范城市，实施开展20个既有建筑改造项目，总改造建筑面积67.99万m^2、年节能量7311t标准煤；同步开展既有建筑节能改造相关政策、技术标准及科研等配套能力建设，建立基于能耗限额的用能约束机制，大力推广合同能源管理模式。

2. 特色亮点

（1）扎实的工作基础

2013 年，常州市被列为江苏省公共建筑能耗限额管理与培育建筑节能服务市场的试点城市。在住房城乡建设建部、省住房城乡建设厅的支持下，组织专业团队对全市 68 家宾馆饭店、7 家商场进行了能耗统计和能源审计，另外从市机关事务局调取 200 多栋机关办公建筑及医院类建筑的能耗数据，于 2014 年制定下发了《常州市机关办公建筑、宾馆饭店建筑、医疗卫生建筑合理用能指南》。

2014 年 7 月，常州市被列为江苏省首批既有建筑节能改造示范城市。

（2）多方合力推动

常州市住房和城乡建设局会同市财政局负责既有建筑节能改造示范城市工作的总体推进（图 4-3-46），组织示范项目实施以及开展相关政策、管理和技术研究；市财政局负责专项资金管理，会同市住房城乡建设局按计划拨付补助资金，监督财政资金的使用情况。旅游局、机关事务管理局等部门参与相关配合工作。

常州市住房和城乡建设局通过政府采购确定深圳建筑科学研究院对示范项目进行技术支撑和过程监管。同时委托江苏省住房和城乡建设厅科技发展中心、江苏省建筑科学研究院有限公司作为节能改造规划的技术支撑单位。

常州市既有建筑节能改造项目的实施通过市场运作的方式引进了多家高水平的省内外企业，同时也注重当地节能服务企业的能力培育，培育了一批本地设计、施工、运行管理企业。

（3）完善的实施流程管理

常州市根据前期建筑用能调研情况，组织节能服务企业对有节能潜力的公共建筑业主进行节能诊断，并在改造前编写《既有建筑节能改造方案》，进行项目申报。市住房城乡建设局收到申报材料后进行初审，初审合格后组织专家评审，进行能效测评预评估，通过后在网站上向社会公示。公示无异议的项目，列入示范项目实施计划（图4-3-47）。

图 4-3-46　改造工作交流会议

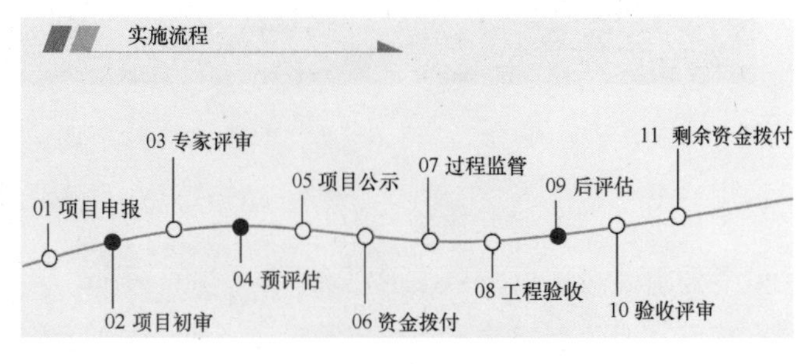

图 4-3-47　项目管理实施流程图

项目立项后，财政局先拨付该项目补助总额（根据预评估节能量计算）的30.0%。并在项目实施过程中，由市住房城乡建设局组织专家定期对项目的实施进度和质量进行现场核查。

示范项目完工后，先由申报单位组织参建各方主体进行工程验收。项目完成工程验收并运行3个月后，由第三方技术服务单位对项目的改造内容进行现场核验和设备性能的检测，收集运行数据，进行能效测评后评估，确定最终的节能量与补助资金。市住房城乡建设局在后评估完成后，组织专家对项目进行现场验收，并根据后评估节能量，结合资金到位情况同步拨付剩余补助资金。

（4）系统的技术支撑体系

常州市在开展示范项目建设工作的同时，编制并实施了1部专项规划，开展了2项政策和产业发展研究，制定了5项技术标准，明确了既有建筑节能改造示范项目预评估、后评估及节能量计算标准，构建了完善的技术支撑体系。

（5）显著的综合效益

20个示范项目共节约标准煤7311t，减少CO_2排放18131t，减少SO_2排放146t，整体项目的节能率提升20%以上，有效地节约了能源资源，减少了环境污染，对可持续发展有着重大的现实意义。

示范项目总的节能改造投资成本为近1亿元，年节省电费1949.2万元，平均投资回收期约为5年。预计在“十三五”期间全常州市改造公共建筑100万m^2，将带动常州市门窗、外遮阳、空调、照明、太阳能产业等的发展，间接带动社会投资约1.5亿元。

本次既有建筑改造示范城市的实施，可以在降低能耗的同时提高舒适度，使生活、工作环境质量得到改善和提高（图4-3-48）。同时通过财政资金积极引导社会资本进入

图4-3-48　改造后的天目湖大酒店

建筑节能改造领域，促进了既有公共建筑节能改造的全面开展，培育了节能服务市场发展壮大，促进社会产业转型升级。

4. 示范意义

进入新时代，城镇化发展和城市建设逐步由规模型向效益型转变，人民群众对建筑环境品质要求日益增长，城市更新和既有建筑节能改造将成为城市建设发展的重要内容。常州市以既有建筑改造示范城市建设为契机，借助财政专项补助资金的杠杆作用，积极引导社会资金进入建筑节能改造领域，促进了既有公共建筑节能改造的全面开展，培育了节能服务市场发展壮大。在既有建筑节能改造市场机制建立、管理体系建设、技术路线研究、激励措施制定和节能服务产业发展等方面取得了良好的成效，为推动既有建筑节能改造走市场化发展道路进行了有益探索，也为同类城市既有建筑节能改造工作提供了借鉴，具有良好的示范作用。

3.3.5　淮安生态新城（住房城乡建设部科技计划项目、省级绿色建筑区域示范）

1. 项目概况

淮安生态新城（简称“生态新城”）北依淮安市主城区，南邻淮安古城，处于城市几何中心位置，总规划面积 29.8km^2，规划人口 30.0 万人（图 4-3-49、图 4-3-50）。生态新城秉持绿色理念，在规划中将绿色生态发展理念落到城市空间，在技术上提出资源高效集约利用，在建设中提出打造高标准的公共设施、高科技的绿色建筑、高效益的生

图 4-3-49　淮安生态新城总体规划图

图4-3-50　淮安生态新城鸟瞰

态环境等目标。

2. 案例创新点

生态新城在示范创建过程中形成了构建“一套科学的生态指标体系”、建立“一套完善严谨的体制机制”、打造“一批低碳生态的示范项目”、探索“一个新型的产业发展模式”的“四个一”可操作、可复制的绿色生态新城创建模式。在推进绿色建筑发展过程中，从以规模化推进绿色建筑发展为重点的“浅绿”阶段，到以全面落实绿色建筑技术为重点的“全绿”阶段，再到以绿色生态后评估+运行提效为重点的“深绿”阶段，逐步深入地形成绿色生态全域发展的普遍态势。2013年生态新城率先通过省住房城乡建设厅验收；2015年9月，成为全国首个通过住房城乡建设部验收的绿色园区示范工程。

3. 案例简介

（1）绿色生态专项规划落地，城市生态系统协同发展

生态新城在城市总体规划等上位规划指导下，统筹编制了低碳生态、建筑能源、绿色交通、水资源等9项专项规划，形成了覆盖城市子系统的绿色生态专项规划体系。2014年，《淮安生态新城控制性详细规划》修编中将绿色建筑、可再生能源利用、非传统水源利用率等指标纳入控规，保障绿色生态技术措施和重点项目落地。生态新城在建设过程中，深入执行各专项规划，在城市空间复合利用、能源结构优化、绿色建筑、绿色交通和景观碳汇等方面协同推进各项绿色生态工作实施，推进区域绿色化发展。经过10年的规划建设，生态新城已经由传统城市“高消耗、高排放、低产出”的“单向—线性”式发展，向“低消耗、低排放、高效益”的“循环—协同—平衡”式发展模式转变。

（2）注重生态环境修复，打造宜人宜居环境

生态新城在建设实施过程中，兼顾生态保护与绿色建设，采取生态修复和重建措施，恢复自然水系、湿地和植被，建设良性循环的复合生态系统。利用水网交错的自然优势，按照生态绿廊、城市公园、社区公园、街头绿地的分级结构建立层次有序、连续成网的开放绿地空间，实现自然生态环境与人工生态环境的和谐共融。通过生态环境修复、培育人工湿地涵养水源，低影响开发理念对雨水的入渗、回收和利用，非传统水源利用率达到 10.0%（图 4-3-51）。

（3）建设绿色生态基础设施，提升城市绿色生活水平

生态新城将绿色生态理念充分融入城市建设中，建成了一批绿色生态基础设施。通过合理利用工业余热，打造了区域能源综合利用系统，满足 410.0 万 m^2 建筑的供热需求，每年减少耗煤量在 11.0% 以上；建立高效低碳的公共交通体系，充分运用有轨电车（图 4-3-52）、公交车、公共自行车构建了多层次绿色出行方式，有效降低私家车使用率，绿色交通出行比例达到 80.0%；全面采用 LED 和太阳能路灯，全年共节约电力近 20.9 万 kWh；建成海绵型森林公园，森林公园的阔叶林面积约 800.0 亩，一天大约能释放 39.0t 的 O_2，吸收 53.0t SO_2，有效改善城市的微气候环境。

图 4-3-51　海绵公园实景鸟瞰

图 4-3-52　有轨电车

（4）持续开展运营评估，构建适宜技术体系

生态新城在省内率先探索绿色生态城区后评估技术路线，包含绿色建筑能耗分析、运营管理现状调研、技术应用核验、区域能源运行效果评价、室内外环境质量测试等内容。据运营效果测试，城区内绿色建筑实际运行能耗约是普通建筑的 2/3，绿色建筑室内环境品质明显高于传统建筑。在持续大量后评估工作的基础上，生态新城逐步建立起本地化的适宜技术体系，并不断通过项目调研和数据收集，积累反馈信息，形成数据库、案例库、技术库。基于技术经济性分析和对于项目适宜技术应用情况的梳理，初步构建了淮安生态新城绿色建筑适宜技术推荐清单。

4. 示范意义

淮安生态新城作为江苏省首批建筑节能和绿色建筑示范区，在实施创建过程中形成了“四个一”的系统化示范创建模式，形成了一套因地制宜推进绿色建筑和生态城区建设长效发展机制，为我省绿色生态城区的发展提供了样板。示范期间累计建成绿色建筑规模达到近 150.0 万 m^2，年节约标煤 1.2 万 t。

第 5 篇 地方实践篇

2015 年以来，江苏通过采用法规制定、政策引导、科技支撑、制度强化、宣传培训等措施，在全省创造了良好的绿色建筑发展氛围。各地市结合自身的实际情况，因地制宜，群策群力，共谋高质量发展。在各地市的持续努力下，绿色建筑发展实践渐次深入，绿色建筑项目数量和质量不断提升，绿色内涵不断丰富，内容日益综合，社会各界对绿色发展的认识不断深化提高，江苏迈出的“绿色”步伐也愈发清晰。

本篇重点介绍江苏各设区市绿色建筑发展情况，通过总体情况，推进思路与措施，工作要点与成果、特色与思考几个部分，展现各设区市绿色建筑工作全貌。

第1章　南　京　市

1.1　总　体　情　况

2015～2018年期间，南京市城镇新建民用建筑面积8735.7万m^2，其中居住建筑面积5763.4万m^2，公共建筑面积2972.4万m^2，全部达到节能建筑标准。2015年1月起，全市新建民用建筑开始执行绿色建筑设计审查制度，截至2018年末，共有15326.0万m^2新建建筑项目通过绿色建筑审查。2015～2018年期间，全市累计获得绿色建筑标识177项，总建筑面积2468.2万m^2（图5-1-1）。

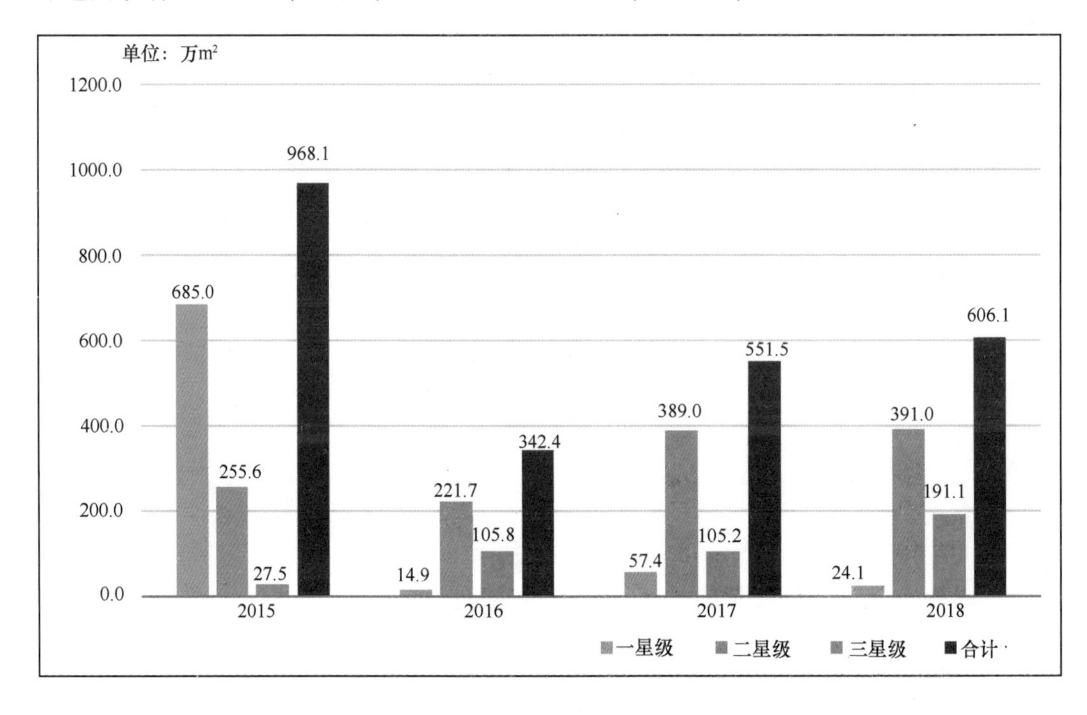

图5-1-1　2015～2018年南京市各年度绿色建筑标识项目规模

1.2　推进思路与措施

1.2.1　推进思路

通过加强组织领导，成立多个绿色建筑、建筑节能专项工作小组，出台建筑节能和绿色建筑引导政策，实施绿色建筑全过程监管，加强绿色建筑的宣传及相关培训，全面推动绿色建筑大发展。

1.2.2　主要措施

1. 加强组织领导

成立了公共建筑能效提升重点城市建设工作推进小组、可再生能源城市创建工作领导小组、市墙材革新与建筑节能工作领导小组等市级领导小组，大部分行政区也成立了绿色建筑相关工作领导小组。从市到区级的建筑节能管理机构网络已形成，为绿色建筑与建筑节能工作深入开展提供了强有力的组织保障。

2. 强化政策引导

出台了绿色设计方案审查、施工和销售现场节能公示、可再生能源一体化应用、既有建筑节能改造等一批市级配套政策。先后颁布了《南京市民用建筑节能条例》等地方法规，出台了《关于全面推动南京市绿色建筑发展的实施意见》《南京市建筑节能示范项目管理办法》《南京市公共机构节能管理办法》《关于对民用建筑设计方案实施绿色设计审查的通知》等建筑节能和绿色建筑管理文件，形成了较为完善的推进机制。

3. 实施全程监管

建立了规划和自然资源、建设、房产等各部门相互联动机制，对绿色建筑实施全过程开展闭合监管。在土地出让、规划、设计、施工验收、房产销售等环节对绿色建筑的执行情况进行监督和管理。

4. 强化宣传培训

积极开展建筑节能和绿色建筑的专题学习和宣传。以《南京日报·城建版》《南京电视台·我们的城市栏目》以及“南京绿建筑筑网”“南京城建”微博“南京绿建”微信公众号、《节能观察》杂志等为主阵地，精心策划各类主题活动，普及建筑节能知识，提高大众对绿色建筑的认知度。加强南京市绿色建筑材料展示中心的宣传和更新，并向社会开放。

1.3 绿色建筑与建筑节能发展情况

1.3.1 高星级绿色建筑大力推进

2013年5月，南京市政府出台了《关于全面推动南京市绿色建筑发展的实施意见》，在全市主要区域内强制执行绿色建筑标准。2015年起，全市全面执行绿色建筑设计标准，打造了禄口机场T2航站楼、国网客服南方中心、万科上坊保障房等一大批高星级绿色建筑项目，引领了市区绿色建筑全面发展。

南京市现有各类国家级、省级示范项目145项，其中国家级示范项目18项、省级示范项目共127项。截至2018年末，已有17项国家级示范项目、112项省级示范项目通过验收。在紫东创意园、新城科技园、河西新城三个省级绿色生态城区通过省级验收评估的基础上，江北新区成功申报2018年度省级绿色建筑与建造资金奖补城市，其核心区范围内所有新建民用建筑将按照绿色建筑二星级及以上标准建设，国际健康城正在进行未来建筑及零碳中心技术试点。南部新城（核心区）作为首批中芬低碳生态试点示范城区，区域内新建建筑全部按二星级及以上绿色建筑标准建设，其中三星级绿色建筑示范项目“南部新城医疗中心”已投入使用。

1.3.2 建筑节能和可再生能源建筑应用大力推进

2015年起，全市新建民用建筑全面执行65%节能标准，全面推进可再生能源建筑一体化应用工作。南京市作为国家第一批“可再生能源建筑应用示范城市”率先通过验收，累计完成可再生能源建筑应用面积1090.5万m^2，其中太阳能热水系统建筑应用面积673.0万m^2，地源热泵系统建筑应用面积417.5万m^2，“南京市可再生能源建筑应用示范城市建设”项目于2017年获“江苏人居环境范例奖”。

1.3.3 建筑节能监管体系高质量运行

南京市基本建立了机关办公建筑和大型公共建筑基本信息与能耗统计的长效管理机制。2018年统计并上报了11个城区、16个街道共计1470栋建筑的基本信息和能耗数据，开发了新的能耗统计分析软件，同时还委托省建筑节能技术中心完成了世茂滨江希尔顿酒店等54幢建筑的能源审计工作。南京市能耗监测平台自2011年9月通过省住房城乡建设厅验收后，运转良好，目前已上传103栋楼宇分项计量数据。

1.3.4 既有建筑节能改造凸显成效

2017 年，依据《南京市既有居住建筑节能改造技术方案》对明城墙沿线部分老旧小区开展了节能改造工作。改造对象以建筑外门窗节能为主，根据项目实际增加建筑墙体隔热、屋面保温、节能灯等。白鹭新村作为节能改造示范小区，按新建建筑节能标准对 5 栋住宅（共 1.2 万 m^2）的外围护结构进行了改造。

1.3.5 公共建筑能效提升稳步推进

南京市于 2017 年、2018 年先后获批国家级“公共建筑能效提升重点城市”和省级公共建筑能效提升示范项目。2018 年 6 月，成立了南京市公共建筑能效提升重点城市建设工作推进小组，先后印发了《南京市公共建筑能效提升重点城市建设实施方案》《南京市公共建筑能效提升重点城市建设项目和资金管理办法》等文件，组建了专家库和企业库。目前，第一批共实施了 19 个示范项目，共计约 55.0 万 m^2，已完成改造项目约 29.0 万 m^2。

1.4 特色与思考

1.4.1 特色亮点

近年来，南京市以生态为基础、坚持绿色发展，将绿色建筑工作摆在重要位置，按照“创新理念，完善机制，协同推进，突出实效”的原则，系统推进全市绿色建筑工作，取得了一定的成绩。

一是以点带面，由单体示范逐渐转向区域集成示范。即从窗改到建筑节能改造，从节能建筑到高星级绿色建筑等单体示范，从绿色建筑到绿色建筑区域集成示范不断拓展，先后创建了五个省级绿色生态城区示范项目。

二是民生为本，率先开展绿色保障性住房建设。南京市从 2013 年 6 月起，要求全市新建保障性住房至少达到绿色建筑一星级要求。截至 2018 年底，南京岱山、上坊、花岗和丁家庄四大保障性住房绿色建筑总面积已达 837.1 万 m^2，其中获得绿色建筑二星级及以上标识的项目面积达到 115.9 万 m^2。

三是加大激励，从重设计标识转向设计和运行并重。从 2015 年起，全市新建民用建筑全部执行绿色建筑评价标准，积极引导绿色建筑向设计和运行标识并重转变。修订了《南京市建筑节能示范项目管理办法》，对绿色建筑运行标识、三星级设计标识项目进行补助。

四是新旧并重，积极实施国家公共建筑能效提升重点城市。设立了1000万元建筑节能专项资金，支持既有建筑绿色化改造项目，三年内将完成公共建筑节能改造面积240.0万m^2等。

1.4.2 发展思考

下一步，南京将按照国家、省、市要求和部署，以更高的标准、更实的举措，进一步加大绿色建筑工作力度，为率先实现南京现代化国际性人文绿都打下坚实的基础。

一是探索多种改造模式，全力推进公共建筑能效提升重点城市工作。按照公共建筑能效提升重点城市实施方案要求，全面推进示范项目建设。积极引入市场机制，推行合同能源管理等模式，鼓励和支持社会各方力量共同参与重点城市创建工作。

二是继续推进绿色建筑高星级、区域集成化发展。鼓励新建民用建筑按照二星级及以上绿色建筑标准进行建设，积极探索绿色建筑后评估机制，加强绿色运营管理。支持江北新城、南部新城与河西新城三个绿色建筑和生态城区建设，积极打造绿色建筑区域集成示范。

三是做好各级建筑节能示范项目工作。继续发挥财政激励和政策引导作用，通过以奖代补等多种形式，支持可再生能源建筑应用、超低能耗（被动式）建筑等各类示范工程建设；突出抓好太阳能光热建筑一体化应用，因地制宜地推广地（水）源热泵建筑应用，推动可再生能源在建筑领域的高水平应用。

四是强化科技支撑，推进绿色建筑发展。完成《南京市公共建筑能耗限额研究及制定》课题研究。结合建筑产业现代化和海绵城市、综合管廊建设等工作，开展未来建筑、装配式建筑、绿色施工等一系列研究，形成适宜南京的绿色建筑集成和关键技术路线，加快科技成果转化。

五是加强舆论宣传，提高全社会节能意识。加大微信、微博等新媒体对绿色建筑、建筑节能相关法律法规的宣传力度，普及节能知识，增强企业和个人的绿色节能意识，营造全社会积极、主动参与的良好氛围。

第2章 无 锡 市

2.1 总 体 情 况

2015～2018年期间，无锡市城镇新建民用建筑面积6152.0万m^2，其中居住建筑面积4540.0万m^2，公共建筑面积1612.0万m^2，全部达到节能建筑标准。2016年1月起，全市新建民用建筑开始执行绿色建筑设计审查制度，2015～2018年期间，全市累计获得绿色建筑标识280项，总建筑面积2852.4万m^2（图5-2-1）。

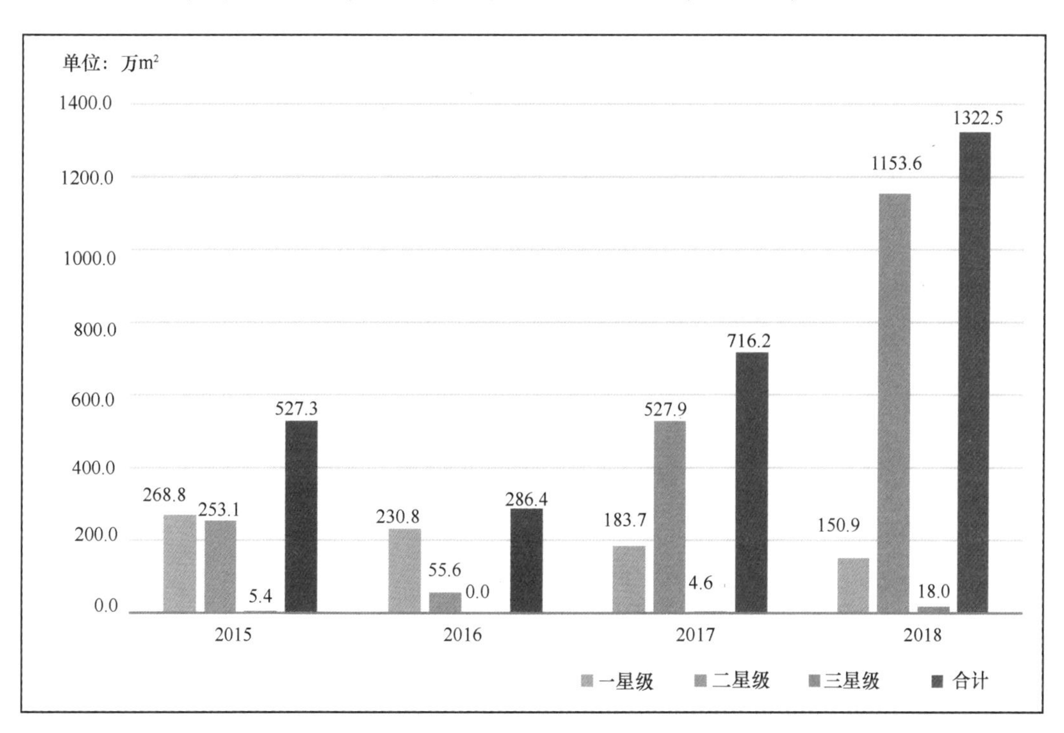

图5-2-1 2015～2018年无锡市各年度绿色建筑标识项目规模

2.2　推进思路与措施

2.2.1　推进思路

严格履行监管职责，加强绿色设计与施工图专项审查，以高星级绿色建筑和既有建筑节能改造为重点，推动绿色建筑与建筑节能向纵深发展。

2.2.2　主要措施

1. 建立绿色建筑长效管理机制

市政府将绿色建筑工作纳入年底考核，形成了部门联动工作机制，建立了绿色建筑长效管理机制：自然资源与规划部门将低碳生态指标纳入控规，建设条件意见书中载明绿色建筑要求，并作为附件附在土地出让合同中；市行政审批局在项目批复中明确绿色建筑建设要求，市住房城乡建设局、自然资源与规划局针对民用建筑设计方案实行绿色设计专项审查，审图机构就绿色建筑专篇实施专项审查，施工单位、监理单位分别要求编制绿色建筑专项施工方案、监理方案，质量监督机构对绿色建筑实体质量实施监督，在竣工验收时对绿色建筑设计标识进行考核验证。出台了《无锡市建筑节能专项引导资金管理办法》，进一步明确建筑节能专项引导资金的使用范围，全面推动全市绿色建筑暨建筑节能工作持续发展。

2. 新建建筑全面执行建筑节能强制性标准

在设计阶段，全面执行65%节能设计标准与绿色建筑设计标准；在施工阶段，施工单位、监理单位分别编制建筑节能专项施工方案与建筑节能专项监理实施细则并严格执行，质监站定期对建筑节能工程实体质量和主要建筑节能材料、构配件质量等进行抽查，在竣工验收前组织建筑节能专项验收，并在竣工验收报告、施工现场与销售现场节能信息公示中注明建筑节能内容与实施情况。

3. 绿色建筑实现闭合监管

编制了《无锡市绿色建筑发展规划》《无锡市“十三五”绿色建筑专项规划》并发文实施。自2017年起，新建民用建筑全部执行二星级及以上绿色建筑标准，并将绿色建筑要求纳入控规、土地出让、项目立项、规划方案、工程设计、施工、监督、验收与销售的全过程，实现闭合监管。市住房城乡建设局定期开展专项检查，全面提升绿色建筑与建筑节能工作的执行力。

4. 积极推进既有建筑节能改造

市住房城乡建设局联合经信委、城管局、教育局等部门共同开展既有建筑节能改造工作。在推进常规改造工作的基础上，积极引导业主单位开展节能改造，改造内容涵盖照明系统、采暖及中央空调系统、热水系统、围护结构改造等。同时，不断提高既有建筑节能改造技术水平，推进既有建筑绿色化改造。

5. 加大宣传培训，提高社会对绿色建筑与建筑节能的认识度

积极开展绿色建筑相关培训与宣传活动。组织全市审图、勘察、设计等相关从业人员参加绿色建筑各专业关键技术、绿色建筑案例分析等培训；与科技局联动，积极参与“2018年全国科技活动暨无锡市第三十届科普宣传周”活动；与机关事务管理局联动，在全市机关办公等公共建筑节能会议上宣传并推动公共建筑节能改造；与无锡观察APP等媒体互动，开展绿色建筑与建筑节能的宣传报道（图5-2-2、图5-2-3）。

图5-2-2　绿色建筑宣传

图5-2-3　绿色建筑技术培训

2.3　绿色建筑与建筑节能发展情况

2.3.1　高星级绿色建筑规模化发展

2017年起，无锡市依据《关于进一步加强城市规划建设管理工作的实施意见》《关于建立健全主体功能区建设推进机制的意见》文件要求，全市新建民用建筑全面实施二星及以上绿色建筑标准，高星级绿色建筑规模逐年提高。

2.3.2　既有建筑节能改造快速推进

积极推进既有建筑节能改造工作，完成既有建筑节能改造示范项目37个，建筑面积185.1万m^2，预估节能量134200t标准煤。培育了既有建筑节能改造企业队伍，为下

一步既有建筑绿色化改造提供了技术支撑和产业支撑（图 5-2-4）。

图 5-2-4　无锡市滨湖区人民政府能耗系统界面

2.3.3　公共建筑节能监管体系稳定运行

无锡市建筑能耗监测数据中心运行正常，已有 144 栋大型公共建筑的能耗数据上传至数据中心。2018 年，对全市机关办公建筑、公共建筑与居住建筑的能耗开展了统计，共计上报 1153 栋建筑能耗数据，完成了 8 项能源审计项目，超额完成公共建筑能耗统计指标任务。

2.3.4　可再生能源建筑大力推广应用

按照《关于加强在民用建筑中推广应用可再生能源技术的通知》文件要求，大力推进太阳能光热、太阳能光伏、土壤源热泵、污水源热泵等可再生能源技术在建筑中的应用。同时，加大建筑节能材料研发力度，注重推广应用新技术、新材料、新设备、新工艺。

2.4　特色与思考

2.4.1　特色亮点

1. 绿色建筑示范城市建设成效显著

形成了完善的工作机制与绿色建筑全过程监管体系，编制了绿色建筑、海绵城市、既有建筑节能改造等绿色生态系列专项规划，将绿色建筑星级等指标纳入土地出让、规划设计、竣工验收等环节，有效推动了示范城市建设。在建立长效管理机制、全面推进二星级绿色建筑规模化发展、带动既有建筑节能改造的快速推进、开展绿色建筑体验调查研究等方面有鲜明的特色与亮点。

2. 既有建筑节能改造推进措施得力

出台了《关于转发市住建局市财政局无锡市创建省绿色建筑示范城市与既有建筑节能改造示范城市实施方案的通知》《无锡市绿色建筑与既有建筑节能改造示范项目和专项资金管理办法》《关于加强无锡市绿色建筑与建筑节能技术支撑体系建设项目管理的通知》《无锡市绿色建筑与既有建筑节能改造城市示范项目验收评估办法》等一系列政策规范工作流程，推动既改示范城市创建工作。

2.4.2 发展思考

无锡市未来绿色建筑的发展方向是积极适应行政审批改革的要求，加强绿色建筑的事中事后监管。根据“放管服”的要求，市住房城乡建设局需加强对绿色建筑监督管理与考核，做好绿色建筑的事中事后监管，确保全市绿色建筑工作全面完成。

进一步加强绿色建筑与建筑节能培训宣传，宣传推广健康建筑、装配式建筑等共同促进绿色建筑和建筑节能向纵深发展。深入贯彻《绿色建筑评价标准》和《江苏省绿色建筑设计标准》，对全市规划、设计、审图、施工、监理、质监以及绿色建筑咨询等单位人员进行专题培训。通过开展各种宣传活动，为绿色建筑与建筑节能工作营造良好的舆论氛围。

第3章 徐 州 市

3.1 总 体 情 况

2015～2018年期间，徐州市城镇新建民用建筑面积6033.7万m^2，其中居住建筑面积4241.3万m^2，公共建筑面积1792.4万m^2，全部达到节能建筑标准。2016年6月起，全市新建民用建筑开始执行绿色建筑设计审查制度，截至2018年末，共有2181.5万m^2新建建筑项目通过绿色建筑审查。2015～2018年期间，全市累计获得绿色建筑标识144项，总建筑面积1950.9万m^2（图5-3-1）。

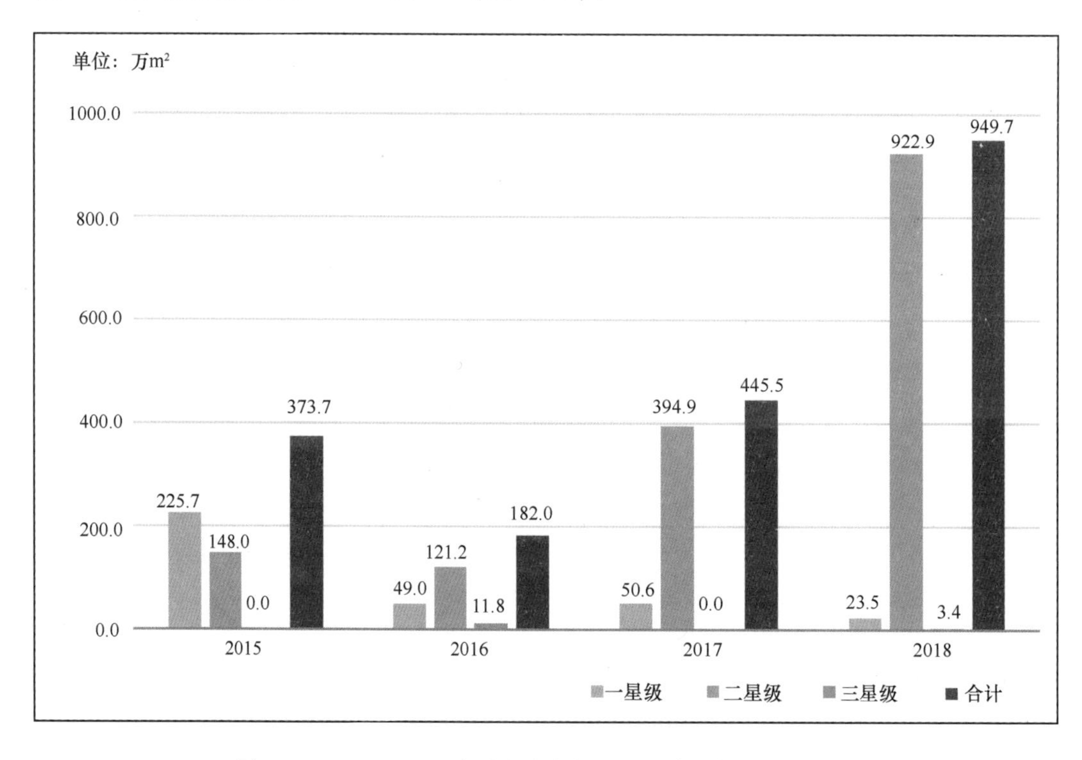

图5-3-1 2015～2018年徐州市各年度绿色建筑标识项目规模

3.2 推进思路与措施

3.2.1 推进思路

建立了规划阶段建筑节能审查制度、建筑节能技术（产品）认定制度、施工图阶段建筑节能专项审查制度、建筑节能信息公示制度、建筑节能专项施工、专项监理及建筑节能分部专项验收制度。在绿色建筑全过程监管中，严格按照制度、规定履行监管职责，加强规划设计方案的绿色设计审查、施工图阶段的绿色建筑专项审查，保障绿色建筑高质量发展。

3.2.2 主要措施

1. 制定规范性文件，严格执行，督促检查

出台了《关于进一步落实绿色建筑设计和施工图审查把关的通知》《关于明确新建民用建筑施工图设计中绿色建筑相关要求的通知》等文件，细化了绿色建筑的实施要求和奖补政策，建立了包括绿色建筑方案设计、施工图审查监管制度。以绿色建筑示范城市的创建为契机，印发了《徐州市绿色建筑创建管理办法》《徐州市绿色建筑示范城市奖补资金管理办法》，明确了绿色建筑项目和重点示范类项目的奖补标准和流程。

2. 以点带面、示范引领

在徐州市新城区和沛县两个省级绿色生态城区创建工作基础上，开展绿色建筑示范城市创建，全面推进全市绿色建筑建设水平，建成了一批高星级绿色建筑项目，同步开展海绵城市试点建设和建筑产业现代化示范城市建设。截至 2018 年末，全市累计获批省级以上示范项目 30 项，获得了 1.9 亿元补助资金。

3.3 绿色建筑与建筑节能发展情况

3.3.1 绿色建筑加速推进

2014 年，徐州市印发了《徐州市绿色建筑行动实施方案》。五年来全市严格按照方案要求，在土地出让条件、绿色建筑设计审查、工程施工验收监管、财政激励政策等方面进行落实，推进绿色建筑的发展。

3.3.2 建筑节能工作有序推进

徐州市新建民用建筑全面执行65%节能标准，大力推进可再生能源建筑应用一体化建设。2015～2018年期间，新建节能建筑总面积约6033.0万m^2，新建太阳能光热建筑项目1859.4万m^2、浅层地热能建筑项目196.7万m^2，年均超额完成节能工作任务量近一倍。

3.3.3 绿色生态城区成效初显

2016年，徐州市新城区、沛县两个省级绿色生态城区项目通过了专家验收评估，同年徐州市获批省级绿色建筑示范城市。示范城市实施以来，编制完成了绿色建筑、能源利用、绿色交通等5项专项规划，并明确了将绿色建筑星级等指标纳入新一版控规中，指导全市未来绿色生态发展建设。重点推动以徐州高铁站区街坊中心工程为代表的一批绿色建筑项目，其中万科北宸天地项目获三星级绿色建筑设计标识，徐州三胞广场等3个项目获得绿色建筑（运行）标识。有序推进了观音机场天然气分布式能源站、荣盛花语城污水源热泵合同能源管理、徐州市建设工程检测中心超低能耗（被动式）建筑、九里办事处社区服务中心75%节能标准建筑以及彭城饭店既有建筑绿色改造等重点项目。

3.3.4 其他相关工作进展

1. 公共建筑节能监管平台

已建成徐州市公共建筑节能监管平台，目前数据上传正常，已有44栋建筑的能耗分项计量数据传到监管平台。徐州市每年在财政预算中安排20万元，专项用于平台的运行维护。

2. 公共建筑节能改造

2015～2018年期间，全市累计完成143.2万m^2既有公共建筑节能改造，主要结合重要公共建筑的功能改造和外立面二次装修实施既有公共建筑的节能改造。2018年，贾汪区建设工程检测中心办公楼被列为既有建筑绿色改造重点示范项目。

3. 公共建筑能耗限额研究

2014年，市住房城乡建设局印发了《关于组织开展徐州市大型公共建筑能耗限额管理基础信息采集工作的通知》。2018年徐州市开展公共建筑能耗限额研究，选取了80余项公共建筑项目进行能耗统计调查，依托市级能耗监测平台补充、修正能耗数据，利用统计数据研究技术定额的测算，应用相关软件进行建模、分析，确定办公、学校、医院、酒店、商场5类公共建筑的能耗限额。

4. 建筑能效测评

出台了《关于加强建筑能效测评与标识管理的通知》，明确要求“全市新建（改建、扩建）国家机关办公建筑（单体5000m^2及以上）；新建（改建、扩建）大型公共建筑（单体建筑面积为2万m^2及以上）；新建居住建筑（5万m^2以上居住小区）；保障性住房（公租房、廉租房、经济适用房、棚户区改造安置房、限价商品房）项目；新建（改建、扩建）可再生能源建筑应用项目（太阳能热水、地源热泵等）等项目应开展能效测评”。2015～2018年期间，累计完成能效测评项目285项。

3.4 特色与思考

3.4.1 特色亮点

徐州市以创建绿色建筑示范城市工作为契机，深入落实《江苏省绿色建筑发展条例》，从组织机构、政策机制、技术支撑、宣传推广等方面建立了绿色建筑长效发展机制。以绿色建筑专项规划成果为引领，在控规中落地绿色建筑指标，从法律层面保障绿色建筑落地实施；出台了绿色建筑管理办法，建立了绿色建筑全过程监管机制和激励办法，引导全市绿色建筑健康发展。试点建设了污水源能源站、超低能耗（被动式）建筑、75%节能标准建筑等一批示范项目，逐步形成了绿色建筑向高质量发展的良好局面。

3.4.2 发展思考

1. 绿色建筑增量提质

全面推进绿色建筑示范城市向纵深发展。全力推进集BIM技术应用、装配式建筑、高星级绿色建筑和超低能耗（被动式）建筑为一体的高品质示范项目。大力支持三星级绿色建筑标识申报，积极推动住宅全装修。大力支持实施合同能源管理、区域能源站、既有建筑绿色节能改造、超低能耗（被动式）建筑及75%节能标准建筑五类重点建设项目试点。

2. 抓好绿色建筑示范城市创建工作

以高质量发展为核心，以绿建比例指标为抓手，重点做好健全绿色建筑健康发展管理机制，完成节约型城乡建设各项指标任务，实现重点示范项目建设目标，推进五个专项规划逐步落地实施，超额完成绿色建筑指标。

第4章 常 州 市

4.1 总 体 情 况

2015～2018年期间，常州市城镇新建民用建筑面积4679.4万m^2，其中居住建筑面积3405.9万m^2，公共建筑面积1273.5万m^2，全部达到节能建筑标准。2015年5月起，全市新建民用建筑开始执行绿色建筑设计审查制度，截至2018年末，共有4166.2万m^2新建建筑项目通过绿色建筑审查。2015～2018年期间，全市累计获得绿色建筑标识125项，总建筑面积1004.7万m^2（图5-4-1）。

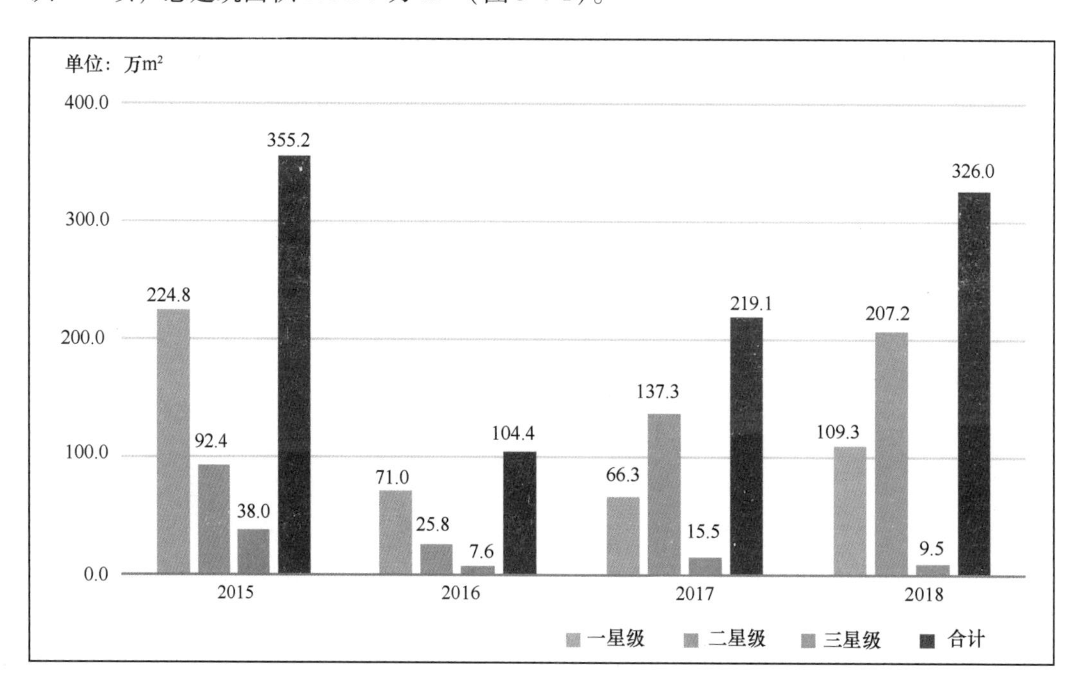

图5-4-1 2015～2018年常州市各年度绿色建筑标识项目规模

4.2 推进思路与措施

4.2.1 推进思路

通过制度建设、节能监管、试点示范、产业集聚等手段，推动绿色建筑高水平、高质量发展。注重绿色建筑的宣传普及，积极发挥舆论导向作用，普及绿色建筑和建筑节能知识，提高公众的认知度。

4.2.2 主要措施

1. 注重制度建设，建立健全工作机制

2015年，市政府办下发了《常州市绿色建筑行动实施方案》，明确了绿色建筑的主要目标、重点任务及相关保障措施；建立了绿色建筑行动联席会议制度，从设计、审图、施工及竣工验收，层层把关，确保绿色建筑各项指标落实到位。

2. 注重节能监管，闭合管理已成常态

以实现建筑节能全过程监管为目标，建立了覆盖规划、设计、施工图审查、施工、监理、竣工验收备案、房屋销售等各个环节的闭合管理体系，六个专项监管要求在管理中都得到了有效执行，建筑节能监管工作已成常态。

3. 注重试点示范，由点到面全面推进

以示范区项目为抓手，由点到面，推进绿色建筑全面发展。武进区在省级绿色生态城区的工作基础上提档升级，成功创建高品质建设绿色生态城区，通过出台相关政策文件，进一步优化绿色建筑设计方案审查机制，在全省首创对建筑设计方案实行绿色建筑、装配式建筑、海绵城市“三合一”联合审查模式。

4. 注重绿色引领，产业集聚先行先试

多年以来，武进区以“种好部省合作试验田、争当生态文明领头羊”为目标，在“一核引领、全区联动”的发展新格局下，坚持做好示范引领和产业集聚两部分内容，为江苏乃至全国绿色建筑产业发展提供了有益示范。

5. 注重宣传普及，发挥舆论导向作用

多平台、多渠道加大宣传力度，普及绿色建筑和建筑节能知识。结合节能宣传周、科普宣传周，通过广场展板、发放传单等形式普及绿色建筑和建筑节能知识，提高公众的认知度。借助网站、政府访谈等媒体力量，传播绿色建筑、既有建筑节能改造等相关知识。

4.3　绿色建筑与建筑节能发展情况

4.3.1　绿色建筑与示范区稳步发展

1. 绿色建筑项目

2015~2018年期间，全市累计获得绿色建筑标识125项，总建筑面积1004.7万m^2，其中二星级以上标识84项，总建筑面积533.3万m^2，运行标识12项，二星级及以上绿色建筑标识项目呈稳步发展态势。

2. 绿色生态城区

常州市已有7个省级绿色生态城区通过验收，累计获得省级补助资金1.2亿元，对全面推进绿色建筑发展起到了较好的示范引领作用。2019年，常州市获批省级绿色宜居城区，下一步将以示范创建为契机，出台相关政策文件，推动绿色建筑更深入的发展。

4.3.2　建筑节能持续示范引领

2015年起常州市新建民用建筑全面执行65%节能设计标准，新建节能建筑面积4679.4万m^2，新建建筑设计阶段和施工阶段的建筑节能强制性标准实施率达到100%。

1. 既有建筑节能改造示范城市建设

研究制订了示范城市实施方案，明确了工作任务、职责分工、工作计划等要求。示范共分三批实施完成了20个既有建筑节能改造项目，合计改造面积68.0万㎡，节能量达7311.0t标准煤，年节省电费1949.2万元，示范城市于2018年底顺利通过验收。同步开展了既有建筑节能改造相关政策、技术标准及科研等配套能力建设，完成了专项规划、政策、技术、产业发展等5个课题研究。

2. 公共建筑能耗限额制定并发布

2014年，常州市在全省率先发布机关办公、医疗卫生、宾馆饭店等三类公共建筑的能耗限额。2018年，发布了学校、商场两类建筑的能耗限额。下一步将对照限额，筛选超限额耗能公共建筑，建立重点用能建筑目录，与物价、电力等部门单位沟通，研究制定建筑用能超限额加价制度。

3. 可再生能源建筑应用规模化发展

常州市累计获批14个可再生能源建筑应用示范项目，获得补助资金1685.0万元。目前，全市可再生能源建筑应用从单个示范项目向区域连片推广，太阳能光热、地源热泵、水源热泵等可再生能源技术在建筑中全面应用。

4. 节能监管体系稳定运行

2011年，常州市民用建筑能耗数据中心建成投入使用，截至2018年末，全市共有73个项目连续稳定上传数据，为下一步开展建筑能耗分析、实施能耗定额管理、推动既有建筑节能改造，提供了数据支撑。

4.4 特色与思考

4.4.1 特色亮点

1. 既有建筑节能改造示范城市成果显著

制定了《常州市既有建筑节能示范城市实施方案》《常州市既有建筑节能改造节能量审核办法》等相关政策及技术标准。从机制上确保客观、公正地开展工作。既有建筑节能改造专项资金的补助标准为：每节约1t标煤补助2500元，且不超过22元/m^2，补助资金总额不超过该项目改造投资额50%。以市场推进为主，组织有实力的节能服务企业共同参与，在既改工作可持续发展方面作了有益的探索。

2. 运行标识项目数量及占比领先

常州市高度重视绿色建筑运营管理工作，绿色建筑项目竣工验收后，鼓励建设单位申报绿色建筑运行标识。明确绿色建筑运营管理重点注意事项，并载入物业服务合同，同步建设便于物业管理企业运营和维护的绿色建筑信息化管理系统。目前全市绿色建筑运行标识项目面积占标识项目总面积的12.37%，运行标识数量及面积全省领先。

4.4.2 发展思考

常州市下一步推进绿色建筑的工作主要聚焦于更高质量城市建设、更高品质绿色宜居城区打造、更高标准产业集聚发展、更高效率城市管理能力等几个方向，通过绿色宜居城区示范带动全市域的组织管理、机制创新、技术推广、项目实施等能力的提升，全面推进绿色建筑高质量发展。

第5章 苏 州 市

5.1 总 体 情 况

2015～2018年期间，苏州市城镇新建民用建筑面积15380.0万m^2，其中居住建筑面积11918.0万m^2，公共建筑面积3462.0万m^2，全部达到节能建筑标准。2015年10月起，全市新建民用建筑开始执行绿色建筑设计审查制度，2015～2018年期间，全市累计获得绿色建筑标识676项，总建筑面积6284.7万m^2（图5-5-1）。

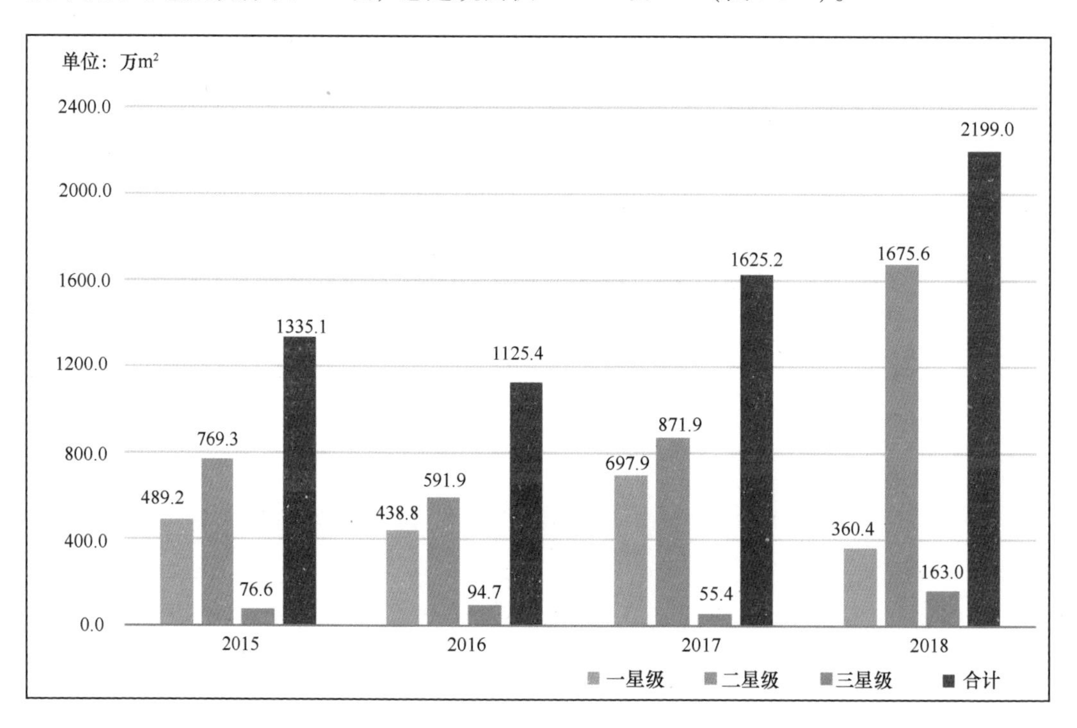

图5-5-1 2015～2018年苏州市各年度绿色建筑标识项目规模

5.2 推进思路与措施

5.2.1 推进思路

出台绿色建筑的相关政策，引领绿色建筑的发展；成立专项领导小组，基于规范、统筹规划，确保绿色建筑保质达标，由点到面，由示范项目到示范区建设，保质保量地推动绿色建筑的发展。

5.2.2 主要措施

1. 以政策为先导，引领绿色建筑工作开展

制定了《苏州市绿色建筑工作实施方案》，提出了绿色建筑发展的指导思想和主要目标，明确了具体任务及时间表，形成了有效的绿色建筑工作制度体系。2017 年印发了《苏州市“十三五”绿色建筑发展规划》，明确了“十三五”期间全市绿色建筑工作目标要求、重点任务、保障措施等内容。

2. 以组织为保障，加强建筑节能工作目标考核

成立了建筑节能工作领导小组，全市各级建设主管部门成立专职管理机构或指定专门机构负责具体工作。每年将建筑节能和绿色建筑的各项任务进行分解，明确各地、各部门责任，并将目标任务完成情况与当地节能减排工作挂钩，形成一级抓一级，层层抓落实的工作机制。

3. 以规范为准绳，确保节能建筑保质达标

加强日常监督，定期组织开展绿色建筑（建筑节能）专项检查，确保民用建筑节能（绿色建筑）设计、施工验收各项标准和规范落到实处。落实保障建筑节能、绿色建筑要求的专项设计、专项审图、专项施工、专项监理、专项监督、专项验收制度，强化绿色建筑从立项、规划、设计、审图、建设到验收的全过程闭合监管制度。

4. 以创优为突破，开拓建筑节能工作新局面

2015 年以来，苏州市绿色建筑由点到面，规模不断扩大。截至 2018 年末，已有“苏州工业园区档案管理综合大厦”“中衡设计集团新研发设计大楼”等四十余个绿色建筑项目荣获国家、江苏省绿色建筑创新奖。大力推进绿色生态城区建设，数量全省第一。

5. 以科研为基石，提高建筑节能技术服务质量

充分发挥苏州市科研机构、高校、大中型企业研发力量，大力研究、开发和推广符合国家产业导向和市场需求的建筑节能和绿色建筑新技术、新产品，不断提高自主创新

能力。落实专项经费用于支持绿色建筑新技术研究和新产品开发，大力推广建设领域节能新科技。

5.3 绿色建筑与建筑节能发展情况

5.3.1 绿色建筑全面推进，高星级项目规模化发展

2015年，苏州市印发了《关于实施民用建筑设计方案绿色设计审查的通知》；2017年，组织编制《苏州市城区绿色建筑布局规划》并推动实施，并印发了《市住房城乡建设局关于加强对二星及以上绿色建筑监管工作的通知》，强化了建设主管部门对绿色建筑建设各环节的协同管控，增强了工作合力。

2015～2018年期间，全市累计获得绿色建筑标识676项，总建筑面积6284.7万m^2，其中二星及以上项目4298.4万m^2，获得绿色建筑运行标识22项（图5-5-2、图5-5-3）。

图5-5-2 中衡设计集团新研发设计大楼（三星级运行标识）

图5-5-3 吴江滨湖绿郡花园（三星级设计标识）

5.3.2 建筑节能稳步提升，可再生能源应用持续推广

2015年，全市开始执行《江苏省居住建筑热环境和节能设计标准》，全市新建居住建筑全面执行建筑节能65%设计标准，积极开展低能耗建筑试点项目建设。

严格按照“绿色设计审查要点”进行施工图审查，全面执行政府投资项目至少应用一种可再生能源、12层以下住宅推广使用太阳能热水系统的规定，严格执行公共建筑及居住建筑可再生能源应用相关要求（图5-5-4、图5-5-5）。昆山市建成了国家火炬

计划昆山可再生能源产业基地。张家港市获批成为国家可再生能源建筑应用示范县（市）。常熟市海虞镇获批为全国首批试点示范绿色低碳重点小城镇。

图 5-5-4 苏州高新区文体中心屋顶分布式光伏项目

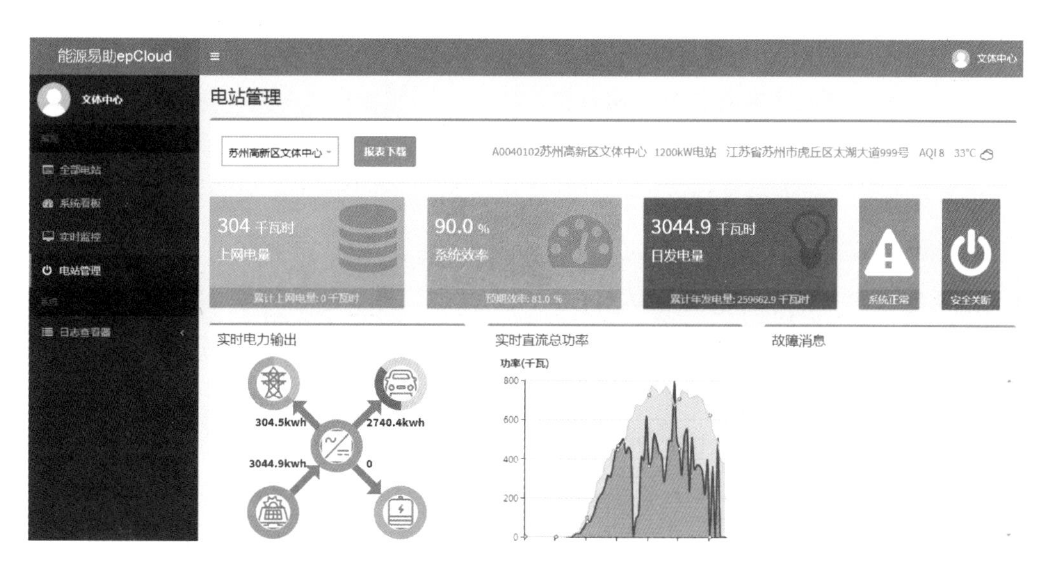

图 5-5-5 苏州高新区文体中心屋顶分布式光伏项目智控平台

5.3.3 绿色生态城区试点建设，绿色发展成效显著

苏州市先后创建了 11 个省级绿色生态城区，以绿色生态城区为载体推进节约型城乡建设，促进规划建设管理模式机制创新，为全市海绵城市、智慧城市建设和建筑产业现代化发展奠定了良好基础。目前，苏州工业园区、昆山花桥国际金融服务外包区等 11 个绿色生态城区已全部通过省厅验收。

5.3.4　其他相关工作进展

苏州市已建成“苏州市机关办公建筑和大型公共建筑能耗监管系统”，截至2018年末，已经有280栋建筑纳入监测平台，平台数据将用于建筑能耗分析研究，指导和督促使用单位加强运行节能管理。

积极开展建筑能效测评标识工作，全市获得能效测评理论值标识共67项。

机关办公建筑和大型公共建筑在进行装修、扩建、加层等改造以及抗震加固时，综合采取节能、节水等改造措施，鼓励通过采用合同能源管理模式开展建筑节能改造。吴江区创建首批省级既有建筑节能改造集中示范区域，为苏州市全面推进既有建筑节能改造工作探索了路径。

5.4　特色与思考

5.4.1　特色亮点

2015年起，苏州市所有新建民用建筑均执行《江苏省绿色建筑设计标准》，达到一星级绿色建筑标准。同时，为确保完成“到2020年全市50%的城镇新建民用建筑按二星级以上绿色建筑标准设计建造”的目标，组织编制了《苏州市城区绿色建筑布局规划》，探索从规划源头推进绿色建筑工作。

《规划》将苏州中心城区划分为绿色建筑重点发展区、绿色建筑引导发展区、绿色建筑一般发展区三类分区，针对三类分区提出不同的绿色建筑引导控制要求。创新性地建立了绿色地块评价模型，明确了姑苏区范围内至2020年计划收储各地块上绿色建筑星级控制要求，为绿色建筑工作发展提供明确的规划依据（图5-5-6）。

5.4.2　发展思考

苏州市将全面贯彻落实“创新、协调、绿色、开放、共享”发展理念，结合国家和省委省政府关于建筑领域节能减排、绿色生态发展、气候变化控制等方面的总体要求，紧紧围绕市委市政府勇当“两个标杆”，落实“四个突出”，建设“四个名城”决策部署和省住房城乡建设厅工作任务目标，着力推动绿色建筑高质量发展，促进城乡建设模式转型升级。将采取细化措施贯彻落实《江苏省绿色建筑发展条例》，加快实施“绿色建筑＋”工程，促进装配式建筑、被动式建筑、BIM、智能智慧等技术与绿色建筑深度融合，切实降低建筑能源消耗、减少污染物排放，为全省新型城镇化、生态文明建设做出积极贡献。

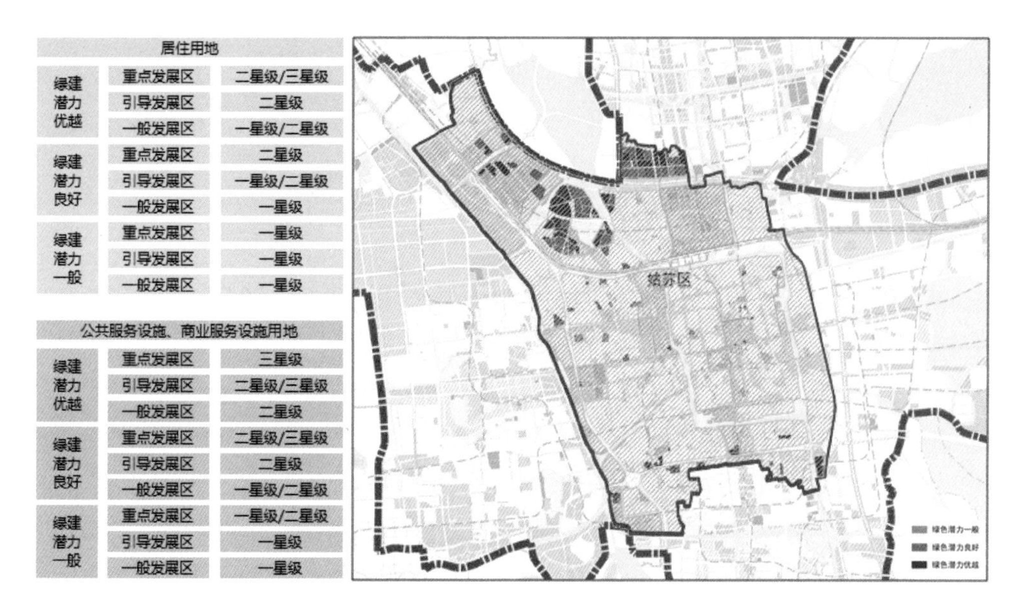

图 5-5-6　地块绿色建筑潜力评价规划图

第6章 南 通 市

6.1 总 体 情 况

2015~2018年期间，南通市城镇新建民用建筑面积5568.0万m^2，其中居住建筑面积4141.0万m^2，公共建筑面积1427.0万m^2左右，全部达到节能建筑标准。2015年7月起，全市新建民用建筑开始执行绿色建筑设计审查制度，截至2018年末，共有4864.0万m^2新建建筑项目通过绿色建筑审查。2015~2018年期间，全市累计获得绿色建筑标识103项，总建筑面积1151.4万m^2（图5-6-1）。

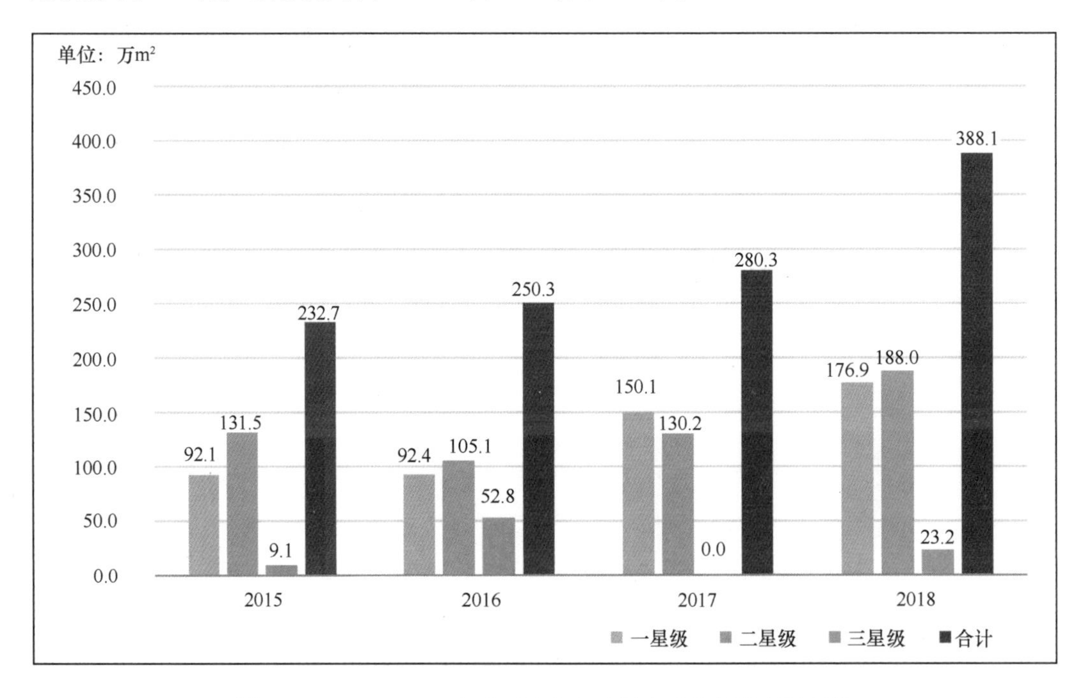

图5-6-1 2015~2018年南通市各年度绿色建筑标识项目规模

6.2 推进思路与措施

6.2.1 推进思路

南通市在绿色建筑发展规划、推进步骤、实施梯次、政策引导和宣传推广等方面制定了明确的工作要求。通过市级层面制定绿色建筑管理流程，形成了多部门合力推进绿色建筑发展的局面。

6.2.2 主要措施

1. 加大宣传力度

多方式宣传、宣贯《江苏省绿色建筑发展条例》《江苏省绿色建筑设计标准》等绿色建筑法规、标准。全市新建民用建筑项目都严格按照绿色建筑星级标准进行规划、设计、建造，率先开展超低能耗（被动式）建筑研发和试点。

2. 加强部门联动

设立部门联席工作会议制度，并以会议纪要的形式，明确在市级行政审批监管层面相关部门的职责，严把审批监管关，保障绿色建筑持续健康发展。

3. 建立激励机制

设立财政补助资金，推进建筑节能与绿色建筑工作。补助范围包括市本级范围内的高节能标准、高星级标识、建筑能耗分类分项计量、可再生能源建筑应用、合同能源管理、既有建筑节能改造、节能技术研发等项目和课题。

6.3 绿色建筑与建筑节能发展情况

6.3.1 绿色建筑发展稳步推进

近年来，全市绿色建筑的数量和质量得以稳步提升。海安中洋·高尔夫公寓获得了三星级绿色建筑设计标识和运行标识，成为南通市首个获得高星级绿建标识项目。

6.3.2 节能建筑数量大幅提升

2011 年起，全市建筑节能标准设计和施工执行率均达到 100%，可再生能源应用稳步推进。截至2018年末，共实施太阳能光热建筑一体化应用项目143项，总建筑面积531.4万m^2；土壤源热泵、水源热泵系统应用项目21项，总建筑面积54.4万m^2。获批省级建筑节能专项引导资金建筑节能类单体示范项目24项，总建筑面积达123.0万m^2。能效测评项目85项，总建筑面积达192.0万m^2。

6.3.3 既有建筑节能改造稳步推进

南通市住房城乡建设局和财政局在相关单位的配合下，深入调研全市公共建筑节能改造工作，深入研究各类建筑的节能改造需求，明确节能改造标准："对公共建筑内的供配电和照明系统、采暖通风空调及生活热水供应系统、检测与控制系统、外围护结构热工性能、可再生能源利用、食堂灶具等实施节能改造，改造后实际节能率不得低于20%。""优先支持政府部门办公楼不低于5000m^2，其他建筑不低于10000m^2，平均节能率达到20%以上，采用合同能源管理模式实施的改造项目。"

目前已完成南通市第六人民医院合同能源管理（整体节能改造）示范项目，南通市中医院整体节能改造、南通附属医院中央空调改造等项目也正在推进。

6.3.4 绿色生态城区工作高质量推进

"十三五"初期，海安、如东县成功创建国家可再生能源示范县，苏通科技产业园、如东县省级建筑节能和绿色建筑示范区通过验收。2015年以来，通州区、海门市、启东市获批省级绿色生态城区。

6.3.5 建筑能耗监测平台高效建设

南通依托技术支撑单位开展能耗统计、能源审计，组织示范项目申报以及能耗监测平台建设等工作，于2012年完成了市级建筑能耗监测数据中心建设工作。

6.4 特色与思考

6.4.1 特色亮点

"十三五"以来，南通市重视新材料研发，打造高星级绿色建筑项目，重点墙体材料革新和绿色建材的研发推广。利用长江淤泥烧结成保温节能砖，并形成外围护墙体自保温技术体系的成果，获得国家首届绿色建筑创新奖。

南通市先后建成了中央高尔夫公寓、江苏盛翔科技创业园有限公司研发楼等一批高星级、超低能耗示范项目。南通市政务中心停车楼，装配率达到80%以上，综合节能率达到了80%，获得了三星级绿色建筑设计标识和运行标识。

6.4.2 发展思考

一是推动绿色产业发展。以推进绿色建筑发展为契机，带动绿色相关产业快速发展，同步推进绿色建材、绿色交通、绿色照明、海绵城市、智慧城市、地下空间综合利用、区域能源供应等集成集中示范，加快绿色建造施工技术普及应用，推动绿色建筑高质量发展。

二是加强示范项目宣传。加大推广建筑能效水平、高星级绿色建筑比例、超低能耗（被动式）建筑、既有建筑节能改造、可再生能源建筑应用集中连片推广、绿色建筑规模化推进等示范宣传。开展75%节能标准建筑的试点示范，宣传推广健康建筑，与住宅产业化、新型建筑装配现代化等共同促进绿色建筑和建筑节能向纵深发展。

三是提升新建居住建筑标准。着力改善居民居住条件，利用好公积金贷款、财政资金补贴等多种手段，引导建设更多健康、智能、宜居的好房子，满足居民不断提高的居住生活要求。

第7章 连 云 港 市

7.1 总 体 情 况

2015～2018年期间，连云港市城镇新建民用建筑面积2085.7万m^2，其中居住建筑面积1772.8万m^2，公共建筑面积312.9万m^2，全部达到节能建筑标准。2015年1月起，全市新建民用建筑开始执行绿色建筑设计审查制度，截至2018年末，通过施工图审查的绿色建筑面积共有3352.3万m^2；2015～2018年期间，全市累计获得绿色建筑设计标识53项，总建筑面积675.4万m^2（图5-7-1）。

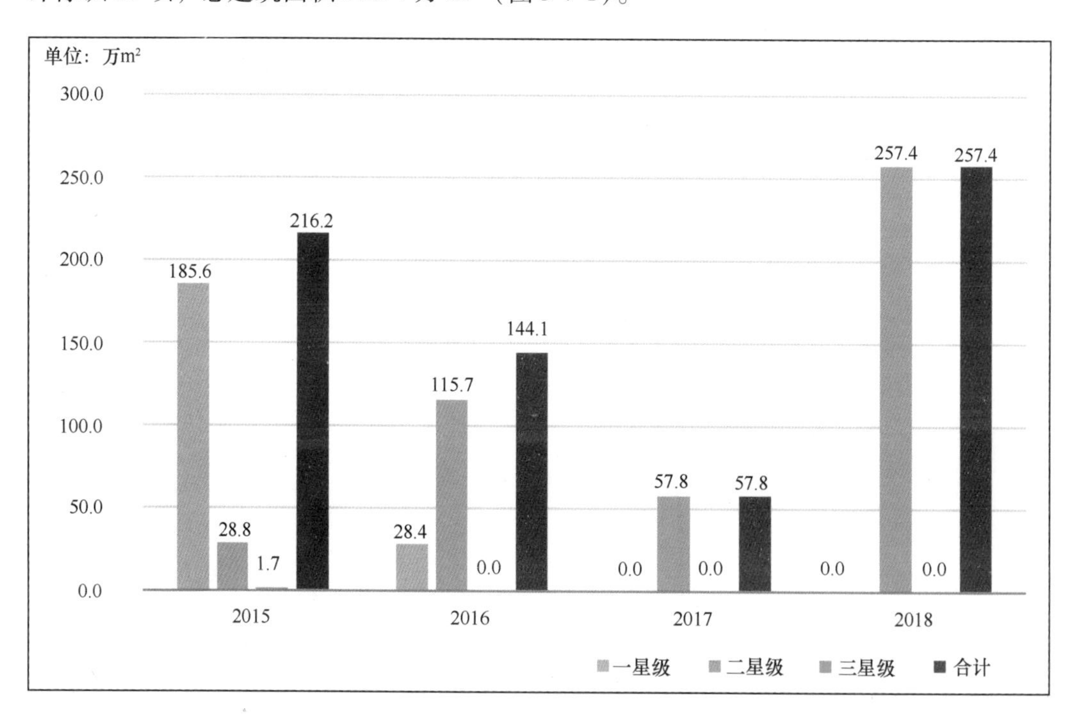

图5-7-1 2015～2018年连云港市各年度绿色建筑标识项目规模

7.2 推进思路与措施

7.2.1 推进思路

明确绿色建筑指导思想、目标和任务，合理分解任务目标，统筹规划；通过强化组织领导，建立专项行动组，出台针对建筑节能和绿色建筑的引导政策，加快发展方案实施；建立完善相关制度，强化全过程监管，全面推动绿色建筑发展。

7.2.2 主要措施

1. 强化组织领导，制定和落实文件政策

2014年7月，发布了《关于加强绿色建筑建设管理的通知》，要求2015年起城镇新建建筑全面按绿色建筑标准设计建造；2015年，出台了《连云港市加快绿色建筑发展实施方案》，明确了连云港市绿色建筑的指导思想、主要目标和重点任务，建立了绿色建筑专项行动工作小组，形成了有效的绿色建筑工作制度体系。

2. 统筹全市全局，科学合理分解任务目标

2015~2018年期间，市政府将绿色建筑全年考核工作目标任务发文并分解至各县区，并将考核任务的完成情况纳入各县区目标任务绩效考评之中，有效地调动了各县区工作的积极性和主动性。

3. 建立完善相关制度，实现闭合监管

建立了土地出让阶段绿色建筑明确要求制度、规划阶段绿色建筑设计审查制度、施工图阶段建筑节能专项审查、建筑节能信息公示、建筑节能专项验收以及随机现场考核等制度。对设计、施工中不符合绿色建筑标准的行为，不予颁发施工图审查合格证或不予竣工验收。

4. 由点到面，示范项目推动区域发展

以示范项目、示范区为抓手，由点到面，带动全市绿色建筑全面发展。自2011年以来建设了徐圩新区、开发区、连云新城、海州区等4个省级绿色生态城区，实现主要城区全覆盖；各城区创建过程中出台相关政策文件，对创建经验互相交流学习，进一步优化全市绿色建筑发展格局。

5. 加强宣传引导，提高企业积极性和大众认知度

通过不同平台和渠道，加大宣传力度。结合节能宣传周、科普宣传周，通过广场展板、发放报纸传单、投放新闻等形式普及绿色建筑和建筑节能知识；加强对从业人员培

训，组织全市房开、设计、施工、监理等多个单位相关从业人员进行培训，并由协会组织相关单位到外市学习先进经验。

7.3 绿色建筑与建筑节能发展情况

7.3.1 绿色建筑快速发展

2015年以来，全市城镇新建民用建筑全面按照一星级以上绿色建筑标准设计建造。

2015~2018年期间，全市累计获得绿色建筑标识53项，总建筑面积675.4m^2，其中二星级及以上项目40项，总建筑面积461.5万m^2，运行标识1项。建设4个示范区，目前徐圩新区、开发区已通过验收（图5-7-2、图5-7-3）。

图5-7-2 连云港港国际客运站

（三星级设计标识）

图5-7-3 连云港市城建档案馆

（二星级运行标识）

7.3.2 建筑节能与可再生能源应用持续推进

2015年起，全市新建民用建筑全面执行65%的节能标准，新建节能建筑面积2085.7万m^2。在依托国家级可再生能源示范市的优势之上，主动作为，积极行动，可再生能源建筑应用面积进一步扩大，可再生能源应用形式进一步优化，可再生能源建筑应用技术水平进一步提升。全市完成可再生能源应用示范项目建筑面积478.1万m^2，折合应用面积235.7万m^2，获补助资金4500.0万元，东海县国家级可再生能源示范县、赣榆区国家级可再生能源示范区均已通过验收（图5-7-4）。

图 5-7-4 连云港华杰国际教育学校太阳能热水系统

7.3.3 节能监管体系稳定运行

连云港市机关办公建筑和大型公共建筑能耗数据中心于2015年建成投入使用，截至2018年末，全市共有41栋机关办公建筑及大型公共建筑将数据实时上传至能耗数据平台。

7.3.4 既有建筑节能改造初现成效

2015年以来，连云港市完成花果山中学等既有公共建筑节能改造工程，总建筑面积24.7万m^2；完成民主路一条街商住楼等既有居住建筑节能改造工程，总建筑面积27.0万m^2。改造措施包括增设外墙保温、太阳能热水系统、能耗监测系统、替换节能门窗、空调系统等，有效地改善了既有建筑的舒适度。

7.4 特色与思考

7.4.1 特色亮点

可再生能源建设成绩突出。连云港市先后出台了《关于推行太阳能热水系统与建筑一体化工作的实施意见》《关于加强地源热泵系统建筑应用管理工作的意见》《关于印发连云港市加快发展节能环保产业实施方案的通知》等文件。

2012年，全市开始创建国家级可再生能源示范市，并于2016年通过验收。目前全市太阳能热水系统已全覆盖，浅层地温能利用也实现了较快发展，在办公建筑、商业建筑、居住建筑中应用。已建设可满足近30万m^2建筑供冷供热需求的区域浅层地温能能源站1座并投入使用，建设完成可为100万m^2建筑提供冷热源服务的区域浅层地温能能源站1座。

7.4.2 发展思考

为实现绿色建筑高质量发展目标，连云港市将全面贯彻落实“创新、协调、绿色、开放、共享”的发展理念，积极组织长效规划研究，稳中求进。2019年将组织编制《连云港市绿色建筑发展规划》，为绿色建筑工作提供明确的规划依据。组织多部门联合推动绿色建筑高质量发展，聚焦更高质量的城市建设，更高水平的绿色宜居城市，创新发展机制，全面推进连云港市绿色建筑高质量发展。

第8章　淮　安　市

8.1　总　体　情　况

2015～2018年期间，淮安市城镇新建民用建筑面积3272.0万m^2，其中居住建筑面积2537.0万m^2，公共建筑面积735.0万m^2，全部达到节能建筑标准。2015年10月起，全市新建民用建筑开始执行绿色建筑设计审查制度。2015～2018年期间，全市累计获得绿色建筑标识71项，总建筑面积846.0万m^2（图5-8-1）。

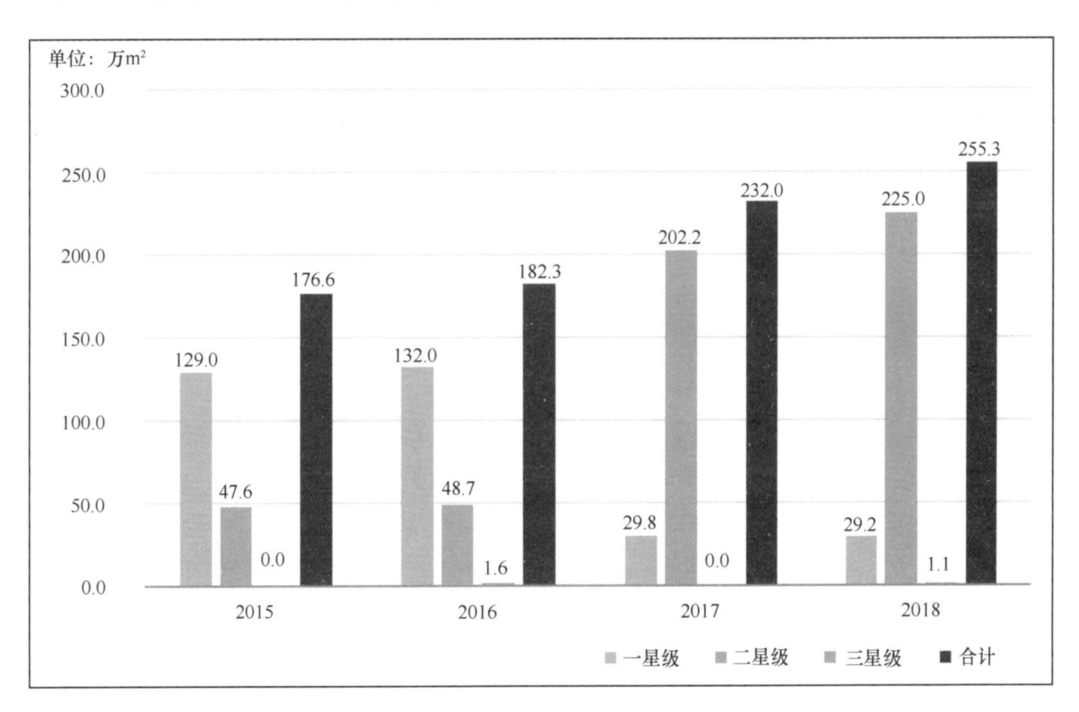

图5-8-1　2015～2018年淮安市各年度绿色建筑标识项目规模

8.2 推进思路与措施

8.2.1 推进思路

注重管理环节，切实将绿色建筑与建筑节能的政策和技术措施落到实处；提升品质，注重高水平、高质量发展；创新机制，建立完善验收监管机制，实现全过程控制。

8.2.2 主要措施

1. 严格执行三阶段审查

方案设计阶段，建设部门与规划部门共同把关，落实绿色设计审查要点。初步设计阶段，严格审查各专业绿色建筑技术内容及绿色建筑设计说明专篇，提出审查意见。施工图设计阶段，依据规范、标准、政策开展审查，严查绿色建筑自评分表、各专业设计内容及施工图绿色建筑设计说明专篇。严格控制变更，确保变更不降低原设计要求。

2. 注重高星级绿色建筑发展

2016 年，市住房城乡建设局与市规划局、发展改革委联合出台《关于进一步推动我市绿色建筑发展的通知》文件，制定创建二星级以上绿色建筑的政策，要求使用国有资金投资或者国家融资的保障性住房和超过 5000m^2 的公共建筑、社会投资建设超过 1 万 m^2 的公共建筑以及超过 10 万 m^2 的住宅小区，应达到二星级及以上绿色建筑标准。2016 年起，国家级、省级绿色建筑区域示范中，新建民用建筑项目按二星级及以上绿色建筑标准进行设计的比例达到 50% 以上。

3. 完善绿色建筑验收监管机制

2018 年，出台了《关于加强全市绿色建筑管理工作的通知》，对绿色建筑的绿色设计审查、施工图审查、竣工验收等管理环节提出明确要求，建立从设计、图审到竣工验收的绿色建筑闭合管理机制，推动绿色建筑不断向更高水平发展。建立由质监站牵头，图审、墙办、市政、园林协同配合的监管机制。

8.3 绿色建筑与建筑节能发展情况

8.3.1 绿色建筑稳步发展

“十三五”以来，淮安市新建民用建筑全面实行绿色建筑一星级标准，大力发展高星级绿色建筑。推动政府投资项目、大型公共建筑、示范区中的项目、保障房项目申报绿色建筑标识，其中政府投资的大型公共建筑按二星级以上标准设计建造。绿色建筑发展创新凸显成效，绿色建筑的数量和质量稳步增长。江苏省水文地质工程地质勘察院（淮安）基地综合楼成为淮安市首个三星级“设计+运行”标识绿色建筑。

8.3.2 可再生能源建筑应用持续推进

2014年起，淮安市要求所有新建居住高层建筑实行统一设计、集中安装太阳能热水系统。2015年10月，淮安市成功创建国家级可再生能源建筑应用示范城市，完成示范项目88项，太阳能光热系统在住宅建筑中普遍应用，地源热泵系统在住宅建筑和公共建筑中稳步推广，总应用面积682.0万m^2，年节约标准煤2.3万t，折合减少CO_2排放5.7万t。

8.3.3 生态新城示范创建凸显成效

淮安生态新城是首批省级建筑节能和绿色建筑示范区之一，通过六年从创建到提档升级的实践，形成了凸显生态新城环境、文化地域特色和现代化建筑风格的城市“基因”的规划体系。城市空间复合利用、能源结构优化，绿色建筑及施工管理、绿色交通、节水型城市建设、固废绿色管理、绿色城市照明等系统协同发展，形成了低碳生态城市发展模式。通过持续跟进绿色建筑和生态城区后评估，梳理项目适宜技术应用情况，形成了初步的绿色建筑适宜技术推荐目录。

8.3.4 超低能耗（被动式）建筑示范项目投入运行

2016年，淮安市建筑工程检测中心有限公司综合楼2号楼项目（图5-8-2）获批省

图5-8-2　淮安市建筑工程检测中心有限公司综合楼2号楼

级超低能耗被动式绿色建筑示范工程，综合节能率目标为85%。2018年9月，获得三星级绿色建筑设计标识，并于11月投入使用。在使用过程中完善各项监测工作，收集项目实际运行数据，为被动式建筑这一技术体系在江苏落地提供实践数据。

8.4 特色与思考

8.4.1 特色亮点

淮安市通过监管机制、激励机制和法规政策宣传引导等多手段协同推动，绿色建筑与建筑节能取得了长足发展。淮安生态新城在具体实践中形成了构建“一套科学的生态指标体系”、建立“一套完善严谨的体制机制”、打造“一批低碳生态的示范项目”、探索“一个新型的产业发展模式”的“四个一”创建模式。

8.4.2 发展思考

一是完善政策与管理制度。依据《江苏省绿色建筑发展条例》要求，采取强制与激励并举的推进思路，进一步完善绿色建筑工作的相关政策。建立绿色建筑发展的考核制度，开展绿色建筑行动专项督查，将绿色建筑工作情况纳入县区高质量发展考核。

二是健全协同管理机制。进一步健全和完善绿色建筑项目从设计到综合验收的全过程监管，明确各监管部门的工作职责，定期召开工作会议形成协同管理的合力，确保实现绿色建筑在设计、施工、运行环节的闭合管理，每年度对建筑节能与绿色建筑工作进行总体部署，研究政策与计划，加大对县区绿色建筑工作的指导与考核力度。

三是继续加大宣传培训力度。组织学习绿色建筑相关法律法规，进一步提高行业监管人员和建设、设计、施工、监理等各责任主体对绿色建筑相关工作的认识。同时将绿色建筑行动作为节能宣传周、科技活动周、环境日、世界水日等活动的重要宣传内容，提高全社会节能意识。

第9章 盐 城 市

9.1 总 体 情 况

2015～2018年期间，盐城市城镇新建民用建筑面积3578.63万m^2，其中居住建筑面积2556.3万m^2，公共建筑面积1022.4m^2，全部达到节能建筑标准，全市累计获得绿色建筑标识165项，其中一星级32项，二星级129项，三星级4项，二星级以上标识项目面积占项目总面积的88.0%（图5-9-1）。

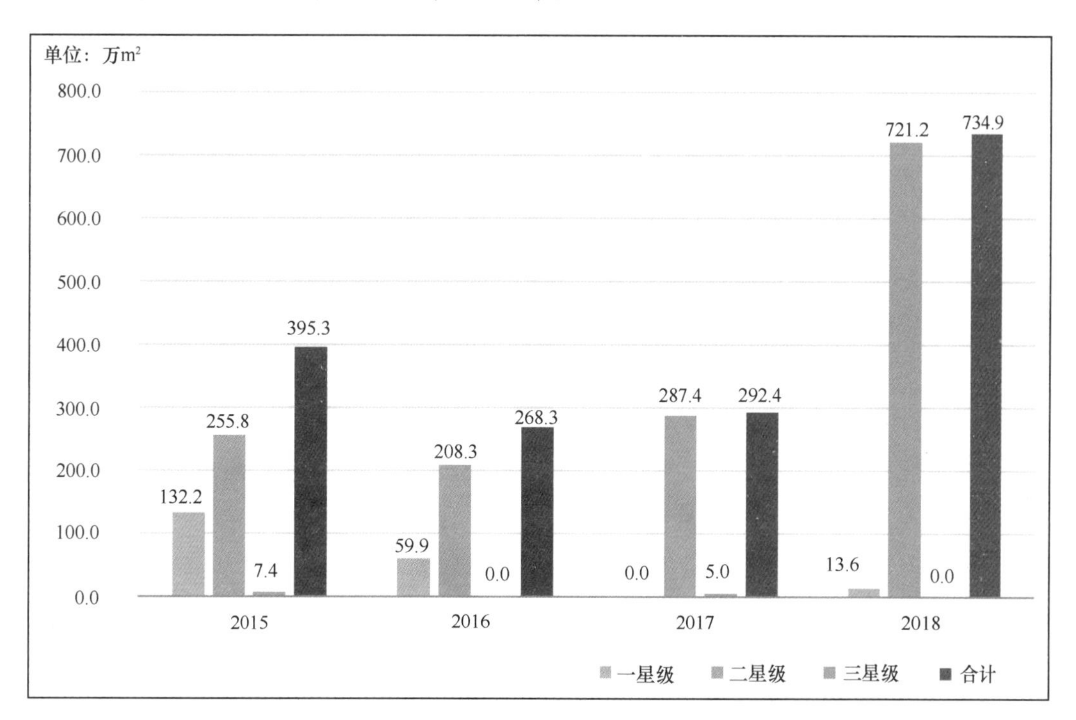

图5-9-1　2015～2018年盐城市各年度绿色建筑标识项目规模

9.2 推进思路与措施

9.2.1 推进思路

通过加强政策引导，建立健全绿色建筑顶层设计、规划先导、技术支撑以及绿色建筑全过程闭合监督管理的创新工作机制，技术与行政措施“双管齐下”，推动绿色建筑高水平、高质量发展。

9.2.2 主要措施

1. 政策引导、规划引领、技术支撑

加强政策引导，编制《盐城市绿色建筑示范城市创建三年行动方案》《盐城市建筑节能与绿色建筑设计指南》等40多份文件，构筑较为完整、具有先导性的绿色建筑发展政策体系，明确绿色建筑发展的工作目标、评价标准、激励机制和各部门职责。坚持规划引领，编制并批准实施绿色建筑发展、可再生能源建筑利用、绿色交通、水资源综合利用、固废资源化利用等5项专项规划，将绿色生态重点指标融入控制性详细规划，作为全市建筑业绿色发展的指导性文件和建设依据，明晰全市绿色建筑发展方向和实施路径。强化技术支撑，因地制宜出台建筑节能、雨水利用、外遮阳、保温技术等方面的技术文件，不断完善绿色建筑技术标准体系，实现在全省率先全面执行建筑节能65%标准、率先推广实施内外结合建筑保温体系、率先在高层居住建筑中推广应用太阳能热水系统以及率先推广雨水收集利用系统等“六个率先”。

2. 完善监管措施，加强绿色建筑闭合管理

优化绿色建筑发展全过程监管体系，重点抓好“六个环节”，实现规划、设计、施工和验收等全过程闭合监管。在土地出让、规划设计、施工验收、房产销售等环节对绿色建筑的执行情况进行监督和管理。每年定期组织全市绿色建筑专项检查和质量巡查，对检查情况进行通报，切实增强各方绿色建筑和建筑节能意识。

3. 分步分类有序推进，重点重抓示范项目，发挥集群效应

单体试点先行，及时评估分析项目建设成效和实施经验，为盐城市全面推进绿色建筑发展奠定良好工作基础。发挥集群效应，在总结单体示范项目实施经验的基础上，积极引导全市各级政府及相关部门精心创建绿色建筑区域示范。2013年盐城市获批全省首批绿色建筑示范城市，并于2017年5月通过验收，城南新区、大丰、阜宁、东台等区域也相继获批省级绿色生态城区，集中集聚打造了一批绿色建筑和绿色交通、绿色施

工、绿色照明、智慧城市、海绵城市等节约型城乡建设示范工程，实现绿色建筑由单体到区域、由市区到县城的拓展。

4. 加强宣传推广，赢得社会认可

通过系统梳理总结项目实施经验成效，以环保产业园低碳社区展示馆为平台向广大市民宣传展示典型绿色建筑示范项目及相关绿色生态理念和技术体系。通过对建成高品质绿色建筑项目的宣传，赢得了社会广泛认可，实现社会效益和经济效益的双赢。利用节能宣传周，以报纸、电视、网络等为载体广泛宣传绿色建筑相关知识及法律法规，充分调动市场各方主体对绿色建筑发展的认知度和主动性。

9.3 绿色建筑与建筑节能发展情况

9.3.1 高星级绿色建筑大力推进

2013 年 10 月，市政府出台了《盐城市人民政府关于推进绿色建筑发展的实施意见》，提出大力推进绿色建筑发展，深入推进建筑节能，加大了绿色建筑和绿色基础设施建设推广力度。2014 年起，盐城市各类房屋建筑工程全面执行绿色建筑设计标准。钱江绿洲一期、盐城市建筑设计院综合楼等项目获得三星级绿色建筑设计标识，引领了全市高星级绿色建筑的实施推进，绿色建筑占新建建筑比例大幅度提升，截至 2018 年底面积占比达 94.9%。

9.3.2 绿色示范城市创建彰显成效

2013 年，盐城市获批省级绿色建筑示范城市。创建期间全市累计新建节能建筑面积 2822.4 万 m^2，获得绿色建筑设计标识项目建筑面积 1026.5 万 m^2，绿色建筑规模跃居全省前列。其中，新开工绿色建筑示范项目面积 546.9 万 m^2，建成总建筑面积 525.5 万 m^2，二星级及以上建筑面积占比 79.6%，示范城市于 2017 年 5 月通过验收。

9.3.3 建筑能耗监测平台稳定运行

盐城市建筑能耗监测平台项目于 2016 年 1 月正式投入运营，截至目前，累计接收全市 80 余栋建筑的能耗数据，为建筑节能工作提供了详实有力的数据支撑。

9.3.4 既有建筑节能改造稳步推进

编制了《盐城市区既有建筑节能改造规划》，结合公共建筑装修和老旧小区整治出新，引导产权单位和业主同步开展节能改造，完成了市司法局办公楼、第八中学教学楼、第四人民医院门诊楼、原市行政审批服务中心综合楼、维海大酒店等公共建筑和小海新村、开元小区、纺配组团、梅苑新村等居住小区节能改造。

9.4 发 展 思 考

9.4.1 特色亮点

盐城市结合不同地区发展要求系统谋划，有序推动全市绿色建筑发展水平递进式提升。开展试点先行，相继建成了盐城市第一个绿色建筑标识项目香苑东园、住房城乡建设部低能耗示范工程盐城工学院图书馆、全国夏热冬冷地区首个被动式低能耗建筑示范项目日月星城幼儿园等一批特色亮点项目。及时评估分析项目建设成效和实施经验，为盐城市全面推进绿色建筑发展奠定良好工作基础。

9.4.2 发展思考

新时代，盐城市将认真落实高质量发展要求，紧紧围绕生态立市战略，以绿色惠民为导向，全面深入推进绿色建筑和节约型城乡建设。

一是全面发展，进一步总结省级绿色建筑示范城市实施经验和不足，研究制定全面深入推进盐城市绿色建筑发展实施办法，进一步加强与规划、国土、财政等部门的沟通，将绿色建筑相关要求落实到项目规划方案、土地出让条件中，将绿色建筑奖励常态化、制度化。

二是加强监管，强化绿色建筑与建筑节能日常监管，重点强化建筑能耗监测、统计、能效测评、可再生能源应用方面的引导和监管。

三是加强宣传，加大学习和培训力度，提高绿色建筑从业人员的业务水平及社会公众的认识，充分调动市场各方主体参与绿色建筑发展的主动性。

第10章 扬 州 市

10.1 总 体 情 况

2015～2018年期间，扬州市城镇新建民用建筑面积3371.0万m^2，其中居住建筑面积2517.0万m^2，公共建筑面积854.0万m^2，全部达到节能建筑标准。2015～2018年期间，全市累计获得绿色建筑标识68项，总建筑面积745.4万m^2（图5-10-1）。

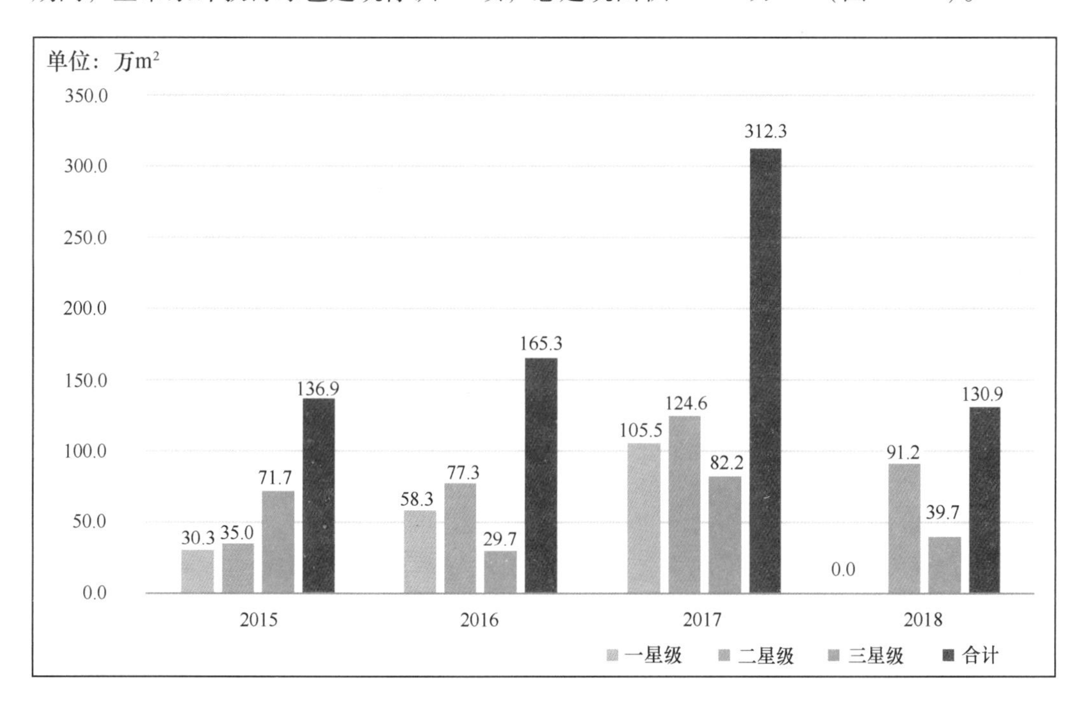

图5-10-1 2015～2018年扬州市各年度绿色建筑标识项目规模

10.2 推进思路与措施

10.2.1 推进思路

通过加强组织领导、政策引导、宣传培训，实施全程监管，建立健全绿色建筑全过程监督管理制度，推动绿色建筑与建筑节能向纵深发展。

10.2.2 主要措施

1. 加强组织领导

发布《关于建立全市建筑节能和绿色建筑工作例会制度的通知》，建立绿色建筑行动联席会议制度，将年度绿色建筑工作目标下达到各县（市、区），并纳入对政府党政正职年度目标任务考核。成立了扬州市绿色建筑暨建筑节能项目评审专家委员会，积极组织开展建筑节能暨绿色建筑专项检查。

2. 强化政策引导，注重研发创新

固化了一套推进绿色建筑发展的有效措施。2015 年以来先后发布了《扬州市市区绿色建筑暨建筑节能专项引导资金管理暂行办法》《关于进一步加强我市公共建筑能耗监测与民用建筑能效测评工作的通知》等政策。2017 年发布实施了《扬州市建筑节能和绿色建筑“十三五”规划》，明确全市分区规划目标要求、重点工作任务、保障措施等方面内容。多领域组织开展研究，形成著作、企业标准、技术指南和专利等成果，并应用到工程实际中。

3. 建立并实施全程监管

规划阶段建立并实施建筑节能审查制度、建筑节能技术（产品）认定制度；施工图设计阶段建立并实施建筑节能专项审查制度、建筑节能信息公示制度；施工阶段实施建筑节能专项施工、专项监理及建筑节能分部专项验收制度。

4. 强化宣传培训

结合扬州广电总台《关注》栏目组多次开展节能宣传周活动。活动以展板展示、节能产品实物展示、发放宣传册等形式向市民宣传建筑节能的重要意义。举办了绿色建筑、建筑节能与绿色示范区业务、《绿色建筑设计标准》《居住建筑标准化外窗应用技术规程》等多场宣贯培训会。

10.3 绿色建筑与建筑节能发展情况

10.3.1 绿色建筑与生态城区持续推进

2014 年 7 月，市政府出台了《扬州市绿色建筑行动方案》，提出大力推进绿色建筑发展，实施绿色生态城区示范，加大绿色建筑和绿色基础设施建设推广力度。2015 年起，扬州市全面执行绿色建筑设计标准，打造了华鼎星城等一批三星级绿色建筑项目（图 5-10-2），引领了市区绿色建筑全面发展。

图 5-10-2 扬州蓝湾国际（三星级绿色建筑）鸟瞰

广陵新城和临港新城两个省级建筑节能和绿色建筑示范区分别于 2016 年和 2018 年通过验收评估，在专项规划编制、构建绿色建筑发展政策体系、节约型城乡建设等方面形成示范特色。2018 年江都区成功申报绿色建筑和建筑节能综合提升奖补城市，将在实施绿色建筑运行标识、绿色校园、既有建筑绿色化改造、75% 建筑节能标准项目等方面开展创建工作。

10.3.2 建筑节能与可再生能源建筑应用稳步推进

2015 年，全市新建民用建筑全面执行 65% 节能标准，全面推进可再生能源建筑一体化应用。截至 2018 年底，扬州市国家级可再生能源建筑应用示范城市共实施太阳能光热建筑一体化应用 73 项，总建筑面积 734.3 万 m^2；土壤源热泵、水源热泵系统共 17 项，总建筑面积 138.6 万 m^2。同时获批省级专项资金建筑节能类示范项目 15 项，总建筑面积达 153.0 万 m^2（图 5-10-3）。

图 5-10-3　扬州市京杭之心项目外观及水源热泵机房

10.3.3　建筑节能监管体系高质量运行

扬州市以江南大学节能研究所为主要技术支撑单位，充分发挥高校、科研院所和节能服务企业的技术优势，开展能耗统计、能源审计，组织示范项目申报以及能耗监测平台建设等工作。2015 年 5 月，监管体系建设工程通过了省住房城乡建设厅组织的验收，其中“扬州市政府大院 2 号综合楼 A 座”等 9 个示范项目获评优秀。

10.3.4　既有建筑节能改造初现成效

2015 年以来，扬州市开展了既有建筑存量及能耗情况调查工作，完成了长征西路商住楼等既有居住建筑节能改造试点工程，总改造面积为 47.0 万 m^2；完成了人民大厦等既有公共建筑节能改造工程，总改造面积为 87.0 万 m^2。改造中主要采用增设外墙保温层、太阳能热水系统、能耗监测系统、替换节能门窗、节能照明、节能空调等措施，极大地改善了既有建筑舒适度（图 5-10-4、图 5-10-5）。

图 5-10-4　人民大厦项目改造前外观

图 5-10-5　人民大厦项目改造后外观

10.4 特色与思考

10.4.1 特色亮点

紧扣“绿色建筑+”主线，结合绿色建筑、绿色建材、绿色交通、绿色照明、海绵城市、智慧城市、地下空间综合利用、区域能源供应等集成集中示范。落实“四节一环保”措施，加快绿色建造施工技术普及应用、绿色建材使用，探索协调发展、绿色发展的生态城市建设道路。华鼎星城等一批三星级绿色建筑标识项目，引领了高星级绿色建筑的发展；扬州市广陵新城和临港新城两个省级建筑节能和绿色建筑示范区，在专项规划编制、构建绿色建筑发展政策体系、节约型城乡建设等方面形成了示范特色。

10.4.2 发展思考

新时代，扬州市将认真落实高质量发展要求，紧紧围绕市委市政府“三城”建设决策部署，以绿色惠民为导向，以提升人居品质为根本出发点，以创新完善管理体制机制为保障，推动绿色建筑品质提升和高星级绿色建筑模块化发展，促进装配式建筑、超低能耗（被动式）建筑以及BIM、智能智慧等技术与绿色建筑深度融合，促进全市建筑能效持续提升与建筑总体能耗持续降低。

一是突出高质量引导，重点推进江都区奖补城市建设、绿色建筑项目标识申请。

二是放大绿色建筑示范区辐射效应，引导扬州市高星级绿色建筑集成集聚，推动“绿色建筑+”重点内容融合。

三是完善激励和考核机制，在生态文明建设目标评价、高质量发展监测评价、能源消费总量与强度“双控”考核中，落实绿色建筑发展目标。

四是强化全过程闭合监管，加强方案审查、施工图审查、专项检查、竣工验收等阶段绿色建筑标准规范的贯彻执行。

五是提升高星级绿色建筑比例，适当提高新建建筑中高性能绿色建筑建设比例，加强绿色建筑运营管理，确保各项绿色建筑技术措施发挥实际效果。

六是组织开展建筑能效水平提升、高星级绿色建筑比例提升、超低能耗（被动式）建筑试点示范、既有建筑节能改造、可再生能源建筑应用集中连片推广、绿色建筑规模化推进等六大行动。以具体行动推进绿色建筑和建筑节能工作。

第11章 镇 江 市

11.1 总 体 情 况

2015～2018年期间，镇江市城镇新建民用建筑面积4239.1万m^2，其中居住建筑面积3002.6万m^2，公共建筑面积1236.5万m^2，全部达到节能建筑标准。2015年7月起全市新增民用建筑开始执行绿色建筑设计审查制度，截至2018年末，共有3918.1万m^2新建建筑项目通过绿色建筑审查。2015～2018年期间，全市累计获得绿色建筑标识150项，总建筑面积1113.3万m^2（图5-11-1）。

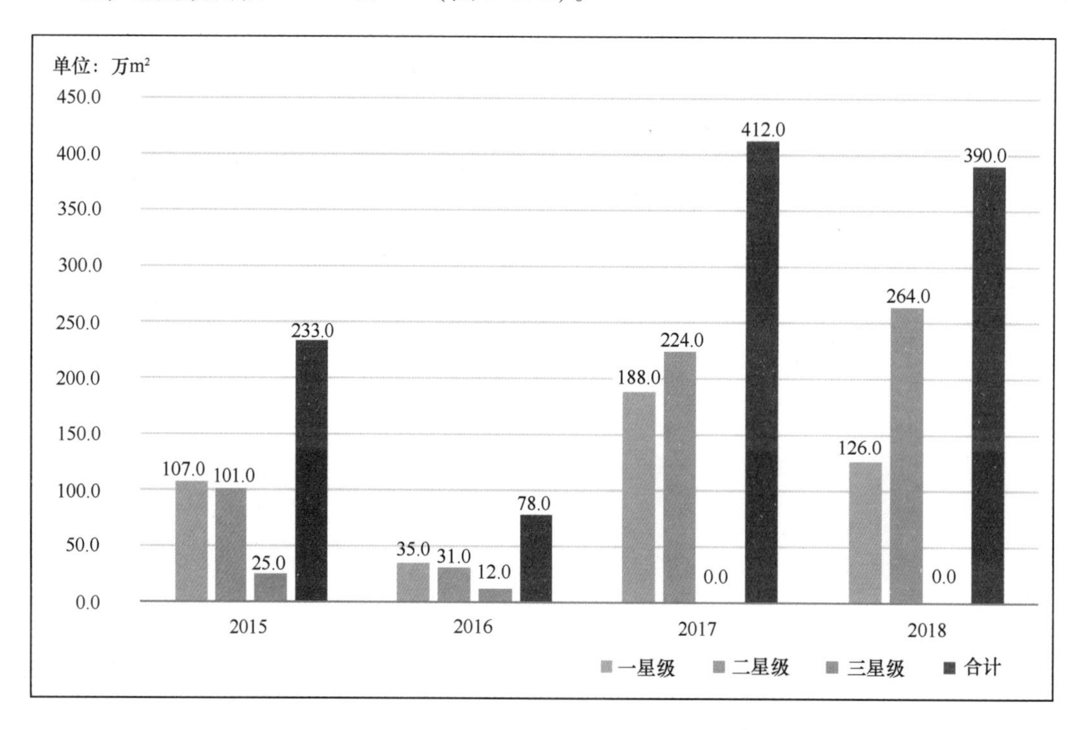

图5-11-1 2015～2018年镇江市各年度绿色建筑标识项目规模

11.2 推进思路与措施

11.2.1 推进思路

通过加强组织领导、政策引导、宣传培训，建立多部门齐抓共管的工作机制，建立绿色建筑全过程闭合监督管理的创新工作机制，推动绿色建筑与建筑节能向纵深发展。

11.2.2 主要措施

1. 加强组织领导

成立了建筑节能与绿色建筑领导小组，强化了组织管理机构，全面统筹推进绿色建筑发展，定期召开工作会议，从决策、执行和技术路线上为绿色建筑做好管理和协调工作。建立了土地出让、规划审查、项目审核、建设施工、竣工验收等环节各部门齐抓共管的工作机制。

2. 强化政策引导

出台了《镇江市绿色建筑发展实施意见》《关于印发镇江市绿色建筑示范城市实施方案的通知》《镇江市建筑节能与绿色建筑专项引导资金管理办法》等管理文件，印发了《镇江市建筑节能管理条例》《关于加强我市绿色建筑管理工作的通知》《关于开展绿色建筑评估工作的通知》《关于加强绿色建筑工程有关技术措施的通知》等系列文件，形成了较为完善的推进机制。

3. 实施全过程监管和控制

在土地出让、立项审批、规划审批、方案审查、施工图审查、施工过程和竣工验收等环节开展绿色建筑监管无缝对接，确保竣工项目符合绿色建筑与建筑节能设计标准。同时，建立了“镇江市绿色建筑示范项目信息管理系统”，对项目建设全过程实行信息化动态管理。

4. 开展培训和宣传

定期举办各类绿色建筑技术培训，积极为全市设计、建设、施工、监理、质量监督人员及房地产企业高管开展绿色建筑专业培训。借助《镇江日报》《京江晚报》、住房城乡建设局官网、市绿色建筑网普及绿色建筑知识，宣传相关节能技术和前沿研究成果。结合科普宣传周，面向广大市民宣传绿色建筑各项政策和科普知识。

11.3 绿色建筑与建筑节能发展情况

11.3.1 绿色建筑发展成效显著

2015年7月起，镇江市全面执行绿色建筑设计标准，打造了新区文化服务中心、港南路公租房、镇江高校园区、中瑞生态产业园（图5-11-2）、扬中金陵菲尔斯大酒店等一大批高星级绿色建筑项目，新区检测基地（省级超低能耗建筑示范项目）迈出了镇江市75%节能绿色建筑的第一步。

2014年，镇江市获批省级绿色建筑示范城市，以试点驱动绿色建筑发展、以示范推进区域建设。2015年，镇江新区中心商贸区省级建筑节能和绿色建筑示范区通过验收，并于2016年启动提档升级工作。2016年，镇江市获批省级既有建筑节能改造示范城市，推进以合同能源管理为主要模式的建筑节能改造，提高公共建筑能效水平。

图5-11-2 新区中瑞生态产业园（三星级设计标识）

11.3.2 节能建筑持续大力推进

2015年起，全市新建民用建筑全面执行65%节能标准，结合国家级可再生能源建筑应用示范城市创建，出台《可再生能源和新能源利用规模化实施方案（2015－2017）》《镇江市人民政府办公室关于推进全市金屋顶计划的实施意见》。

截至2018年末，全市实施太阳能光热建筑一体化应用建筑面积993.8万m^2，浅层地能建筑面积83.7万m^2。新区文化服务中心应用地源热泵空调系统、光伏发电系统，光伏总装机容量150.9kWp。丹徒新区热电联产项目总投资87.0亿元，建成后年发电量90.0亿kW·h。

11.3.3 建筑能耗监测平台稳定运行

镇江市基本建立了机关办公建筑、大型公共建筑基本信息与能耗统计的长效管理机制，建成了能耗监测中心。运行六年来，平台累计接入72栋国家机关办公建筑和大型公共建筑的能耗数据。2015年至今，完成对57栋全市机关办公建筑和大型公共建筑的能源审计。2017年《镇江市公共建筑能耗限额研究及制定》获批省级建筑节能示范项目。2018年全市新增能效测评项目131项，能耗统计项目197项，分项计量项目69项。

11.3.4 既有建筑节能改造稳步推进

2015年来，镇江市先后实施了老市政府东大院（图5-11-3）、西津渡镇屏山区域、二院片区、儿童医院、江滨新村二社区（图5-11-4）、三茅宫一二区等改造示范工程，累计改造建筑面积200.9万 m^2。

图5-11-3 老市政府东大院绿色改造工程

图5-11-4 江滨新村二社区节能改造工程

11.4　特点与思考

11.4.1　特色亮点

（1）绿色建筑区域发展推进凸显亮点。新区中心商贸生态城区、高校园区绿色校园和中瑞生态产业园区等区域绿色建筑集中建设，实现了以市区为核心、各功能区补充的绿色建筑组团发展模式。

（2）绿色建筑专项评估实施创新。绿色建筑工程竣工验收前，由专业机构对图纸设计、技术措施、绿色建筑标识等开展技术层面的评估，确保绿色建筑设计要求实施到位。

（3）既有建筑改造大力推进凸显成效。以旧城改造为抓手、国家级海绵城市试点和省级既有建筑节能改造试点为契机，对全市老旧住宅小区实施“海绵 + 节能”改造，并实施公共建筑绿色化或合同能源管理模式的改造。

（4）建筑产业化积极推进。以丹徒绿色建筑产业园为载体，推动绿色建筑产业集聚发展。建成国家级建筑产业现代化示范基地 2 个，省级示范基地 3 个及省级示范项目 5 个，培育市级示范基地 13 个、示范项目 14 个，全市新开工装配式建筑面积 248.0 万 m^2。

11.4.2　发展思考

（1）进一步推动规划落地实施。推进“多规合一”，统筹各项规划，促进相互衔接，优化国土空间发展，推动城市低碳发展，实现绿色发展资源配置效率的最大化。

（2）进一步建设绿色生态城区。重点发展都市更新、综合管廊、海绵城市、智慧城市、建筑产业化等领域，启动绿色建筑示范城市提档升级，推动镇江的低碳生态发展从过程先行到领先发展。

（3）进一步打造绿色建筑精品。要求新建大型公共建筑全面应用 BIM、建筑产业化设计和建造方式；深化绿色建筑审图要点，大力推进成品住房建设，提升住宅建设综合品质，到 2020 年，确保建成区内二星级及以上绿色建筑比例达到 50% 以上。

（4）进一步实施建筑能效提升工程。严格执行新建建筑能效测评和能耗监测制度，扩大市级能耗监测平台覆盖范围。有序推进老旧小区实施绿色化、海绵城市、适老设施改造和环境整治等综合模式的更新提升。合理推广合同能源管理、PPP 等市场化改造模式，探索建立公共建筑运行调适制度。积极开展新区、高校园区超低能耗和近零能耗试点建设。

（5）进一步提高绿色产业聚集质量。完善绿色建筑产业园内设计、研发、生产、建设企业布局，构建产业协作体系，在政府投资建设的项目中优先使用绿色建材。大力发展装配式建筑，加快装配式建筑生产基地和园区建设。

（6）进一步开展绿色建筑关键技术研究。加强绿色建筑和既有建筑改造关键技术研究，推动适宜性技术成果转化，保障日益增长的民生需求；开展自保温系统、保温装饰一体化等新技术的工程试点示范，为新技术推广运用积累经验；继续加大绿色科技研究资金的投入，支撑绿色建筑工程水平的不断进步。

第12章 泰 州 市

12.1 总 体 情 况

2015～2018年期间，泰州市城镇新建民用建筑面积2956.8万m^2，其中居住建筑面积2240.4万m^2，公共建筑面积716.4万m^2，全部达到节能建筑标准。2015～2018年期间，全市累计获得绿色建筑标识101项，其中一星级44项，二星级55项，三星级2项（图5-12-1）。

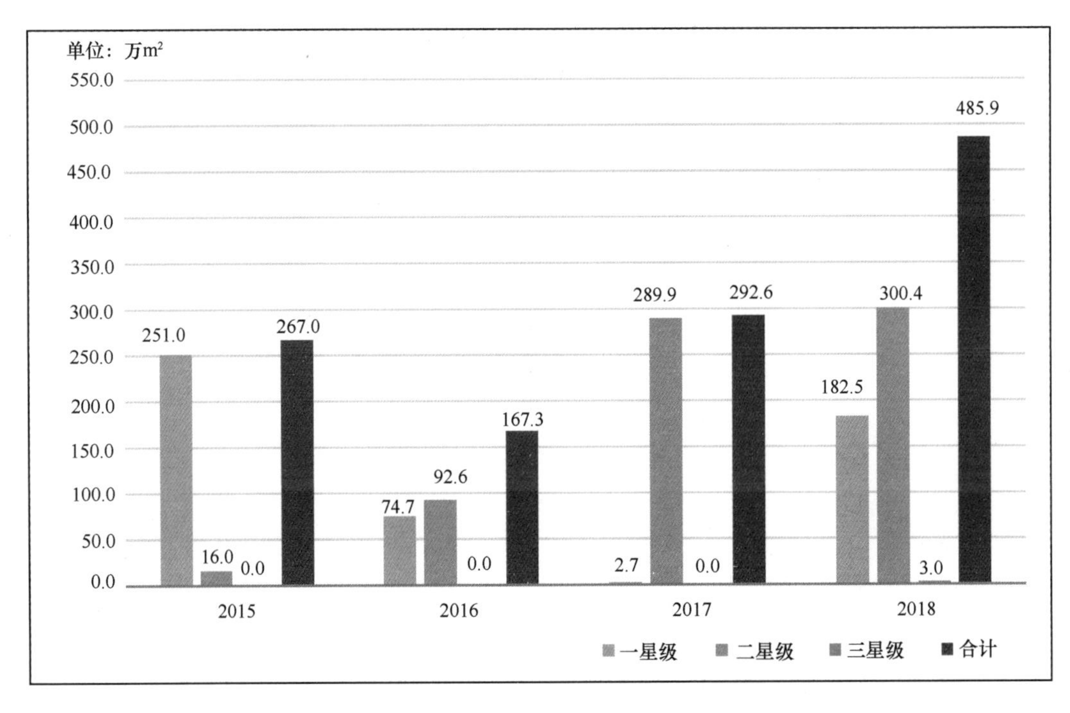

图5-12-1 2015～2018年泰州市各年度绿色建筑标识项目规模

12.2 推进思路与措施

12.2.1 推进思路

通过加强组织管理、加大政策支撑、创新管理制度，建立多部门齐抓共管和绿色建筑全过程闭合监督管理的工作机制，进一步完善技术体系，以点带面推动绿色建筑与建筑节能高质量发展。

12.2.2 主要措施

1. 保持管理强度，保障落实到位

联合行政管理、审查机构、质量监督、市场咨询等相关主体逐步做到共同配合、协同管理。

2. 加大政策支撑，发挥职能作用

2015 年起，泰州市陆续出台绿色设计方案审查、施工图绿色专项审查、绿色专项验收等一系列配套政策，先后出台了《泰州市建筑节能管理办法》《泰州市推进绿色建筑发展实施意见》等管理文件，确保了绿色建筑有序发展。

3. 创新管理制度，规范监督流程

建立绿色建筑全过程管理制度。在土地出让、规划、设计、施工验收、房产销售等环节严格执行绿色建筑闭合管理要求。

4. 完善技术体系，发挥市场作用

按照以课题研究、实地调研为基础的技术支撑思路，发挥政府主导监督作用，积极扶持、培养科研机构、评估咨询机构、信息服务中心等一批技术型服务机构，并依托服务机构建立产学研信息交流服务平台。

5. 以点带面推进，绿色创新示范

重点建设医药城高新区、泰兴市、靖江市等绿色生态城区项目，以点带面快速推进泰州市绿色建筑蓬勃发展。典型建筑整合 BIM 设计、海绵城市、自然采光、立体绿化等多种绿色技术，引领绿色技术创新。

6. 加强宣传，树立绿色理念

拓展宣传渠道、创新宣传形式。利用官方微信公众号，定期发布新闻动态、绿色建筑宣传、科普知识等资讯，同时，精选部分主干道楼宇电视作为宣传平台，并结合绿色节能宣传周开展不同主题的大型绿色节能宣传活动。

12.3　绿色建筑与建筑节能发展情况

12.3.1　绿色建筑稳步发展

2015 年起，泰州市开始全面执行绿色建筑设计标准，重点建设了“泰州医药高新技术产业开发区绿色建筑与生态城区区域集成示范（提档升级）”“泰兴市绿色建筑示范城市（县）”“靖江市滨江新城”“周山河初中高质量绿色示范”等绿色建筑区域类、高质量类示范项目。

12.3.2　绿色建筑技术体系初步建立

2015～2018 年期间，完成《泰州地区建筑节能与绿色建筑适宜技术体系研究》《泰州市公共建筑能耗限额制定》等多项省级课题，出版了《泰州市建筑节能与绿色建筑适宜技术设计指南》，概括了绿色建筑相关要求、实施手段、技术介绍等内容。此外，还创新使用红外线技术检测围护结构质量通病（图 5-12-2）。

图 5-12-2　红外线诊断围护结构质量通病

12.3.3　既有建筑改造持续推进

2015～2018 年期间，全市累计完成既有建筑节能改造面积 104.0 万 m^2。改造技术包括外窗贴隔热膜、外墙出新粉刷反射隔热涂料、种植立体绿化等。泰州市住房城乡建设局大楼通过改善围护结构、更换节能设备、综合利用绿色技术等手段，使得建筑综合能耗从 51.2kWh/m^2 降低到40.9kWh/m^2，达到 65% 节能标准和二星级绿色建筑标准。

12.4 发 展 思 考

12.4.1 特色亮点

泰州市开发了“施工图审查电子平台”“建设工程绿色建筑专项管理系统”“建筑能耗监测信息平台”等集成数据库的电子平台系统。截至2018年末，泰州市图纸审查、过程管理、绿色专项验收都已基本完成无纸化、信息化，确保绿色建筑与建筑节能强制性标准落实到位。

12.4.2 发展思考

（1）提升高星级、高质量绿色建筑比例。积极响应“绿色建筑+”导向，打造“高质量建筑”示范项目，提高高星级绿色建筑比例，助力节能建筑向绿色建筑向健康、智慧、舒适型建筑发展，同时增加建筑文化、智能智慧信息技术运用等要求，培育形成新时代高品质建筑示范。

（2）加大科研力度，破解发展瓶颈。进一步强化建筑节能科研能力建设，倡导采用政府购买技术服务方式与省内外科研院所开展广泛合作，高效、系统地提升泰州市绿色建筑和建筑节能管理水平和技术能力。对泰州市既有建筑的绿色技术应用状况进行调研，针对工程中已经出现的常见问题，研究相应诊断与处理关键技术，确保绿色建筑持续健康发展。

（3）积极开展既有建筑绿色改造。结合“公共建筑能耗限额”课题研究成果，对既有公共建筑尤其是机关办公建筑中能耗超过限额标准的，进行绿色化改造，降低运行能耗；并在既有公共建筑绿色改造基础上逐步推进既有居住建筑绿色改造，在降低建筑能耗的同时提高百姓居住舒适度。

（4）重视实际效果，加强绿色运营。针对绿色建筑运行标识数量偏少，落地及运行情况不乐观的现状，建立绿色建筑运行评估制度，确保绿色建筑设计、建设、运营无缝对接，推动绿色建筑管理工作有序进行。

第13章　宿　迁　市

13.1　总　体　情　况

2015～2018年期间，宿迁市城镇新建民用建筑面积2589.0万m^2，其中居住建筑面积2064.0万m^2，公共建筑面积525.0万m^2，全部达到节能建筑标准。2018年9月起，全市新建民用建筑开始执行绿色建筑设计审查制度。2015～2018年期间，全市累计获得绿色建筑标识43项，总建筑面积479.6万m^2（图5-13-1）。

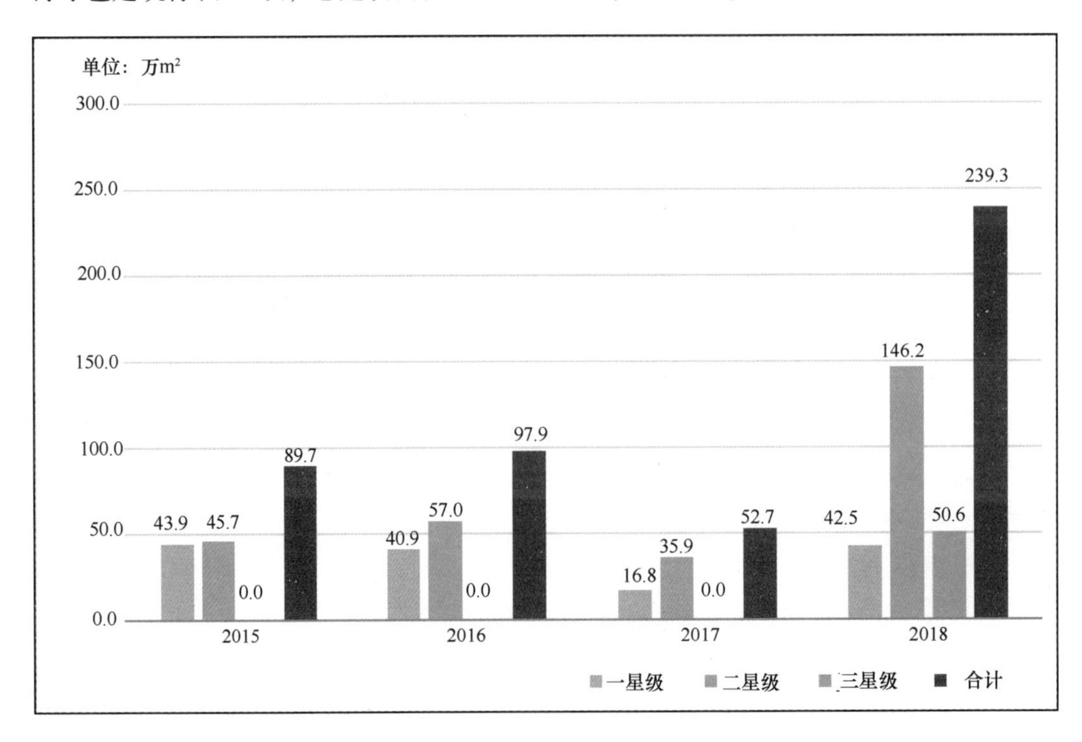

图5-13-1　2015～2018年宿迁市各年度绿色建筑标识项目规模

13.2　推进思路与措施

13.2.1　推进思路

通过完善管理机制和工作制度，健全考核体系，加强联动监管，实现建筑节能与绿色建筑全过程闭合监管，推进绿色建筑的内涵与质量提升。

13.2.2　主要措施

1. 健全考核体系

建立健全建筑节能与绿色建筑目标考核体系，印发了绿色建筑和建筑节能工作考核办法，设立了绿色建筑和建筑节能发展单项奖，对完成情况较好的县区表彰，确保考核体系健全、工作目标明确。

2. 强化制度建设

出台了促进绿色建筑和建筑节能发展的相关政策。印发了《关于促进中心城市绿色建筑发展的实施意见》《关于进一步加强机关办公建筑和大型公共建筑能耗监测工作的通知》《关于加强建筑能效测评管理工作的通知》《关于组织绿色建材评价标识申报工作的通知》等管理文件，形成了较为完善的推进机制。

3. 加强联动监管

全面加强建设系统内外相关部门、单位的联动，构建全方位、立体化的监管体系，推动各项目标任务全面落实。

13.3　绿色建筑与建筑节能发展情况

13.3.1　绿色建筑快速发展

截至2018年末，全市累计新增绿色建筑标识43项，建筑面积479.6万m^2。新增二星级运行标识3项，建筑面积10.7万m^2，分别是星辰国际酒店、沭阳汇峰大饭店、苏宿园区派出所技术用房项目。沭阳汇峰饭店获得省绿色建筑创新奖二等奖。

13.3.2　建筑节能持续推进

2015年起，全市新建民用建筑全面执行建筑节能65%设计标准，实施75%节能标准试点。2016年市区和三县全部通过国家可再生能源建筑应用示范市、县验收，实现可再生能源示范市域全覆盖。宿迁市星辰国际酒店、妇产医院、洋河医院、中德度假村、沭阳汇峰大饭店、公安局业务技术用房等项目应用了地源热泵技术，在可再生能源建筑应用方面取得良好示范成效。

13.3.3　绿色生态城区全面推进

截至2018年末，全市累计获批5个省级绿色生态城区，包括古黄河绿色生态示范区、湖滨新区总部经济集聚区绿色生态示范区、沭阳县绿色建筑示范县、三台山绿建小镇、苏宿园区绿色生态城区高品质建设。

13.3.4　监管体系高质量运行

市级建筑能耗监测数据中心投入使用，已有33栋建筑物安装能耗分项计量设备并上传数据。开展能源审计和建筑能耗统计工作，持续对70余栋机关办公建筑长期开展能耗统计工作，并对部分公共建筑开展能源审计工作。2015年以来先后对宿迁学院学生宿舍和浴室、玻璃博物馆、沭阳体育中心、市纪委监察委、市委巡察办办公场所等公共建筑通过合同能源管理等方式进行了节能改造。

13.4　特色与思考

13.4.1　特色亮点

加快发展高星级绿色建筑。促进建筑业转型升级、推动城乡建设高质量发展。强化建筑方案绿色设计审查，在建筑方案审批阶段加强监管。

13.4.2　发展思考

一是全面落实《关于促进中心城市绿色建筑发展的实施意见》要求。在促进高星级绿色建筑规模化发展的同时加快绿色建筑运行标识申报工作，提高绿色建筑运营实效，促进绿色建筑数量和质量同步提升。

二是强化绿色建筑发展各阶段审查。在土地出让、规划审批、建筑设计方案审查、施工许可和验收等环节严格把关，落实各项建设要求。

三是加快绿色生态城区创建工作。加快沭阳县、三台山、苏宿园区等3个绿色生态城区建设，对古黄河、湖滨新区总部经济集聚区2个绿色生态城区实施提档升级，充分发挥城区绿色示范效应。

四是加快实施既有建筑节能改造。开展公共建筑能耗定额制定相关工作，积极推行合同能源管理，利用内部装修、抗震加固等机会对超定额公共建筑进行节能改造，利用老旧小区出新、背街小巷改造、物业整治提升等机会，同步开展居住建筑节能改造。

附　　录

附录1　江苏省全国绿色建筑创新奖项目(2015年、2017年)

年度	序号	项目名称	主要完成单位	主要完成人	获奖等级
2015	1	南京禄口国际机场二期建设工程2号航站楼及停车场	南京禄口国际机场有限公司、华东建筑设计研究院有限公司	钱凯法、周成益、郭建祥、陆燕、田炜、瞿燕	一等奖
	2	南京万科上坊保障性住房6－05栋预制装配式住宅	南京万晖置业有限公司、南京长江都市建筑设计股份有限公司、中国建筑第二工程局有限公司、南京安居保障房建设发展有限公司	王生明、汪杰、李宁、纪先志、吴敦军、王聪银、陆欢、王利、刘建石、郭建军、陈广玉、赵国政、李玮、韩晖、杨承红	二等奖
	3	南京旭建ALC技术中心大厦	南京旭建新型建材股份有限公司、南京旭建工程技术有限公司、南京旭建建材研究开发有限公司	孙维理、高民权、孙维新、邓苏萍、孙小曦、罗怡、蒋加深、周霆、崇睿、潘伟伟	二等奖
	4	苏州工业园区金鸡湖大酒店二期8号楼	苏州工业园区城市重建有限公司、中国建筑科学研究院上海分院、苏州第一建筑集团有限公司、江苏建科建设监理有限公司	张明、张崟、戚森伟、方钊、张元春、周林才、陈德霞、胡乐庭、周雪根、郭志强	三等奖
	5	武进影艺宫(凤凰谷)	江苏武进经济发展集团有限公司、江苏省常州市武进区住房和城乡建设局、江苏省绿色建筑工程技术研究中心	缪冬生、朱小培、张麦怀、张宝、戴玉伟、宋伟、柴代胜、俞梁超、朱明燕	三等奖
	6	苏州宝时得中国总部（一期）办公大楼	苏州设计研究院股份有限公司、江苏省（赛德）绿色建筑工程技术研究中心、宝时得机械（中国）有限公司	周玉辉、吴腾飞、许小磊、陆建清、吴树馨、汤晓峰、刘仁猛、顾清、张泊航、郭新想	三等奖
	7	苏州月亮湾建屋广场（苏园土挂（2008）21地块项目）	苏州工业园区建屋置业有限公司	陈宁雄、胡斌、严庆翱、何升斌、刘斌、董天烨、许嘉缘、江建英	三等奖
	8	武进规划展览馆二期工程（莲花馆）	常州市规划局武进分局、江苏武进经济发展集团有限公司、江苏省绿色建筑工程技术研究中心有限公司、上海绿地建设（集团）有限公司	李再生、王飞、秦玉波、金国强、丁赟、蒋晓刚、许洁、柴代胜、王浩、刘德锋	三等奖

续表

年度	序号	项目名称	主要完成单位	主要完成人	获奖等级
2017	1	江苏省水文地质工程地质勘察院（淮安）基地综合楼	江苏省水文地质工程地质勘察院、中国建筑科学研究院天津分院、淮安市广厦建筑设计有限责任公司、江苏中淮建设集团有限公司	徐祥、高长岭、李友龙、张丹、丁加宏、周海珠、魏慧娇、葛希松、雒婉、林丽霞、徐海涟、徐海滨、张建平、徐娟、杨晓荣	二等奖
	2	扬州（华鼎星城）一二期	江苏能恒置业有限公司	陈有川、顾宏才、周宇、季正如、冯庆宜	二等奖
	3	中洋高尔夫公寓	江苏中洲置业有限公司、江苏省住房和城乡建设厅科技发展中心	钱晓明、储开平、王登云、刘彩虹、胡永彪、李湘琳、王华、于道全、邢晓熙、刘加华、邓华、祝侃、尹海培、丁杰、丁欣之	二等奖
	4	扬中菲尔斯金陵大酒店	江苏成达菲尔斯酒店管理有限公司、南京市建筑设计研究院有限责任公司	张建忠、杜仁平、陈瑾、郝彬、贺孟春、吴桐、潘赞帅、崇宗琳、吴栋、包庆裕、马浩天、史书元、凌菁、陆洁婷	二等奖
	5	南通市建筑工程质量检测中心综合实验楼	南通市建筑工程质量检测中心、江苏省邮电规划设计院有限责任公司、江苏省住房和城乡建设厅科技发展中心	曾晓建、邬明海、王登云、冒俊、张启伟、朱晓旻、李湘琳、罗磊、陈普辉、邢晓熙、吴大江、丁杰、祝一波、丁欣之、徐国芳	二等奖
	6	常州金东方颐养园老年公寓一期	常州市武进区金东方颐养中心、江苏省绿色建筑工程技术研究中心有限公司	张卫锋、杨阳、吴云波	三等奖
	7	昆山花桥项目1号地块51、52、53号楼	昆山万科房地产有限公司、南京长江都市建筑设计股份有限公司	陈思、陆巍、高华国、吴敦军、韩晖、韦佳、卞维锋、江祯蓉、孙菁、刘婧芬	三等奖
	8	海门云起苑项目一期3号、4号、5号楼	江苏中技天峰低碳建筑技术有限公司	沈峰英、沈忠、朱永明、陈涛、黄聪、周洲、袁海荣、朱石匀	三等奖
	9	盐城内港湖C地块凤鸣缇香公寓	盐城国民置业有限公司、南京市建筑设计研究院有限责任公司、中国第四冶金建设有限责任公司、江苏万通物业管理有限公司	郭德祥、周再国、马骏、钮春、周同新、张怡、吴晶晶、薛景、戴学华、孙志华	三等奖

附录 2　江苏省绿色建筑创新奖项目（2015～2018 年）

年度	序号	项目名称	主要完成单位	主要完成人	获奖等级
2015	1	江苏城乡建设职业学院新校区建设项目	江苏城乡建设职业学院、江苏省绿色建筑工程技术研究中心有限公司、常州市规划设计院、常州城建校建筑规划设计院、江苏安厦工程项目管理有限公司、深圳市建筑科学研究院有限公司、江苏河海新能源股份有限公司	黄志良、周炜炜、梁月清、黄爱清、张赟、刘斌、练锐、杨旭东、白明宇、周小军、柴代胜、申雁飞、张晔、朱叶、李雨桐、夏钒、俞梁超、杨旭、吴坤权	一等奖
	2	南京爱涛·尚逸华府一期	江苏爱涛置业有限公司、南京市建筑设计研究院有限责任公司、江苏省绿色建筑工程技术研究中心有限公司、金坛建工集团有限公司	杨孝昇、杜翔、姚红霞、王世蕾、蓝健、吴靖坤、朱琴、张千、陈宁、王建华	二等奖
	3	张家港市职业技能实训基地培训楼 10 号	张家港市长江文化投资发展有限公司、张家港市建筑工务处、张家港市建筑设计研究院有限责任公司、江苏德丰建设集团有限公司	张耀文、倪波、李剑、乔峰、顾天缘、杨玉林	二等奖
	4	苏宁易购总部	苏宁置业集团有限公司、南京长江都市建筑设计股份有限公司	汪杰、伍智平、韦佳、张鸣、卞维锋、陈元俊、韩亮、顾小军、陈云峰、金荣、景步安、孙菁	二等奖
	5	苏州移动分公司工业园区新综合大楼	苏州设计研究院股份有限公司、江苏省（赛德）绿色建筑工程技术研究中心	查金荣、蔡爽、戚宏、张明丽、赵宏康、陆建清、刘仁猛、沈丽芬、吴腾飞、夏熔静、周玉辉、许小磊、张泊航	三等奖

续表

年度	序号	项目名称	主要完成单位	主要完成人	获奖等级
2015	6	恒通·帝景蓝湾花园（江都）	恒通建设集团有限公司	陈有川、陈贵礼、李晓金、陈远龙、张蔓蔓	三等奖
	7	中国科学院苏州纳米技术与纳米仿生研究所二期工程	中衡设计集团股份有限公司	高长岭、李友龙、程洪军、徐祥、葛希松、吴健春、丁加宏、张丹、郭建华、顾洪群、徐海涟、王涛、陈胜、钱华、薛玖红、张宁、张建平、杨晓荣、杨洋、汪立斌	三等奖
	8	江苏省水文地质工程地质勘察院（淮安）基地综合楼	江苏省水文地质工程地质勘察院、淮安市广厦建筑设计有限责任公司、江苏中淮建设集团有限公司	李根民、李铮、张勇、王志翔、陈露、张允、詹新建、王祥、刘晶、唐镝、李军	三等奖
	9	苏州玲珑湾社区十一区东侧幼儿园项目	苏州南都建屋有限公司、南京长江都市建筑设计股份有限公司	张硕、陈思、韦佳、高华国、吴敦军、刘强、范青枫、徐阳、卞维锋、张金戈、郁锋	三等奖
	10	盐城凤鸣缇香河南二期项目	盐城国民置业有限公司	周再国、李清贵、马骏、薛景、尹铮一、张千、陈宁、钮建春、戴学华、陈浩	三等奖
2016	1	中国常熟世联书院（培训）项目（一期）	苏州设计研究院股份有限公司、江苏省（赛德）绿色建筑工程技术研究中心、常熟市昆承湖开发建设有限公司	靳建华、周玉辉、王远、袁明、郭新想、吴腾飞、王朝询、许小磊、张颖、范佳琪、张泊航、夏益峰、夏熔静	一等奖
	2	宜兴环保科技工业园科技孵化园一期项目	中国宜兴环保科技工业园发展总公司、宜兴市建设局、宜兴市审计局、江苏省苏辰建设投资顾问有限公司、江苏丰彩节能科技有限公司、华虹建筑安装工程集团有限公司	蒋鹏、程晨、路宽、吴飞、郭庆、陈开封、吴永超、黄赟、张海潮、沈志明、曹静、凌羽、朱灿银、吕群力、鲁东静	二等奖
	3	江苏省建大厦	江苏省建筑工程集团有限公司、南京长江都市建筑设计股份有限公司	高宝俭、董文俊、韦佳、卞维峰、韩晖、李玮、周姜象、刘婧芬、姜楠、郁锋、张金戈、孙菁、江祯蓉、郑伟荣	二等奖

续表

年度	序号	项目名称	主要完成单位	主要完成人	获奖等级
2016	4	中瑞（镇江）生态产业园创新中心1号研发楼	镇江新区城市建设投资有限公司、苏州城发建筑设计院有限公司、江苏省绿色建筑工程技术研究中心有限公司、中建城市建设发展有限公司、江苏晟宇建筑工程有限公司	李彦林、童斌、宋琳琳、肖奉君、强斌、俞梁超、张华娣、李任远、付国松、郭明明、熊业良、钱超、高兆国、贾爱民	二等奖
	5	苏州工业园区中新科技大厦	中衡设计集团股份有限公司	张延成、薛学斌、张勇、张渊、谈丽华、李铮、刘恬、朱小方、朱勇军、张晓萍、邓继明、郁捷、程开、段然、武鼎鑫	二等奖
	6	镇江市南徐新城商务办公楼B区1号楼	镇江市城市建设投资集团有限公司、镇江启达建筑科技有限公司	吴德茂、唐丹军、徐拥华、吕慧芳、范旭红、杨帆、张兆昌、刘洋、丁保安、李艳荣、卢凡	二等奖
	7	沭阳县汇峰大饭店	江苏汇峰置业有限公司、江苏绿博低碳科技股份有限公司、沭阳县峰聚物业服务有限公司、扬州大学工程设计研究院、江苏万欣建筑安装工程有限公司	卢福生、屈家宝、唐斌、孔强卫、吕君、吴建春、郭连生、胡园、李新华、蔡维军	二等奖
	8	永旺梦乐城苏州工业园区购物中心	中衡设计集团股份有限公司	蒋文蓓、李铮、廖健敏、王志翔、邓继明、段然、赵栋、黄富权、陈金山、潘霄峰	三等奖
	9	绿地广场	淮安新城投资开发有限公司	任楠、曹荣达、吕海建、晋晓海、张文杰、周汝华、于从付、陈振乾、施娟	三等奖
	10	苏州吴中永旺梦乐城	苏州市建筑科学研究院集团股份有限公司、苏州溪江实业发展有限公司	李东平、李振全、余田、王雅钰、郑小丽、周琦琦、江福根、沈荣华、朱哲明、王浩	三等奖
	11	苏州科技城人才配套服务基地二区项目	苏州设计研究院股份有限公司、江苏省赛德绿色建筑工程技术研究中心、苏州科技城科新文化旅游发展有限公司	周玉辉、袁雪芬、吴腾飞、夏益峰、许小磊、郭新想、张泊航、王朝询、范佳琪、汪泱	三等奖

续表

年度	序号	项目名称	主要完成单位	主要完成人	获奖等级
2016	12	中共盐城市委党校新校区项目	中共盐城市委党校、江苏明华建设有限公司、盐城市建筑设计研究院有限公司、盐城市工程建设监理中心有限公司	刘汝华、蔡勰、盛海丰、徐贵耀、周刚、杨素萍、蒯正霞、徐昌琦、韦勇、房满真	三等奖
	13	国际金融服务中心项目	盐城市城南新区开发建设投资有限公司、江苏建兴建工集团有限公司、盐城市建筑设计研究院有限公司、深圳市合创建设工程顾问有限公司	孙远超、秦正亮、成先娟、朱欢、方明、王琦、王桂勇、温和林	三等奖
	14	淮师·文华苑小区1－13号楼	淮安市师苑置业有限公司、淮阴师范学院、江苏省建筑设计研究院有限公司、江苏省绿色建筑工程技术研究中心	夏前斌、王辉、许艳梅、马宏权、周应坤、钱建军、秦剑、戴庆峰、李玉松、周岸虎	三等奖
	15	镇江科创园三期国际公寓（专家公寓）	镇江新区城市建设投资有限公司、苏州城发建筑设计院有限公司、江苏省绿色建筑工程技术研究中心有限公司、中建城市建设发展有限公司	周文斌、童斌、宋琳琳、肖奉君、强斌、俞梁超、张华娣、李任远、付国松、熊业良	三等奖
	16	中瑞（镇江）生态产业园创新中心	镇江新区城市建设投资有限公司、苏州城发建筑设计院有限公司、江苏省绿色建筑工程技术研究中心有限公司、中建城市建设发展有限公司	李彦林、童斌、宋琳琳、肖奉君、强斌、俞梁超、张华娣、李任远、付国松、郭明明	三等奖
2017	1	南京禄口国际机场二期建设工程2号航站楼及停车楼	南京禄口国际机场有限公司	钱凯法、张有富、徐勇、周成益、潘一平、武瑞立、刘育航、黄德乾、费海涛、丁琛、孙林、周善林	一等奖
	2	苏州有轨电车研发大楼	苏州高新有轨电车物业服务有限公司、江苏丰彩节能科技有限公司	沈文豪、周晓阳、滕磊、孙林、沈志明、曹静、郑飞、曹镇伟、朱银春、朱灿银	二等奖

续表

年度	序号	项目名称	主要完成单位	主要完成人	获奖等级
2017	3	苏州2.5产业园（DK20120168地块）三期I区	苏州工业园区建屋产业园开发有限公司	肖传宗、赵永刚、张宾、董天烨、严庆翱、陈胜男	二等奖
	4	苏州市太仓月星家居广场2号楼	太仓市合创置业发展有限公司、太仓市住房和城乡建设局、苏州铭途建设项目管理有限公司	倪小马、陆建林、钱建初、陶红、顾洪青、戴美新、华家民、赵春林、王啸、汪峰	二等奖
	5	龙信广场一期工程	江苏运杰置业有限公司	杨泽华、袁征兵、宗玮、谢爱峰	二等奖
	6	镇江市市政府原办公区（解放路东大院）维修改造工程项目	镇江市西津渡文化旅游有限责任公司、江苏丰彩节能科技有限公司、镇江市地景园林规划设计有限公司、江苏省第二建筑设计研究院有限责任公司、镇江第二建筑工程有限公司、江苏新润建筑安装工程有限公司、镇江市光大建筑工程有限公司	邵浜、吴东雷、刘明馨、何今明、徐波云、刘伟、曹静、杨丹萍、朱灿银、朱银春、孙荣、骆雁、王陈媛、邵磊、沈超伟、杨东生	二等奖
	7	盐城市钱江绿洲一期	江苏卡森置业有限公司、信息产业电子第十一设计研究院科技工程股份有限公司、江苏科苑建设项目管理有限公司、江苏丰彩节能科技有限公司	金静波、钱永良、徐国平、徐志红、朱哲文、陆佳琼、王佳、苏劲松、顾海峰、卞乘东、沈志明、曹静	二等奖
	8	南京外国语学校河西分校	南京市建邺区教育局、江苏省绿色建筑工程技术研究中心有限公司	黄荣生、马宏权、张志鹏、许艳梅、程敏、董斌、王文艺、孙燕	三等奖
	9	苏州大学附属尹山湖中学	苏州市建筑科学研究院集团股份有限公司、苏州市吴中建业发展有限公司	李东平、李振全、余田、王雅钰、严丽叶、杨悦、施海星、张滨、孙承田、周琦琦、郭瑱祎	三等奖
	10	苏州国际博览中心三期工程	启迪设计集团股份有限公司、江苏省（赛德）绿色建筑工程技术研究中心、苏州文化博览中心有限公司	周玉辉、章伟、郭新想、王朝询、吴腾飞、张泊航、夏益峰、范佳琪、梁诗灏、邹建忠、朱小波、于等春、王晓辰、赵洪波	三等奖
	11	南通市政务中心停车综合楼	南通国盛城镇建设发展有限公司、南京长江都市建筑设计股份有限公司	冒俊、彭婷、吴敦军、王贞、范青风、卞维峰、张果、郑伟荣、郁锋、江祯蓉	三等奖
	12	海门云起苑项目一期3、4、5号楼	江苏中技天峰低碳建筑技术有限公司、海门市住房和城乡建设局	沈峰英、沈忠、朱永明、狄彦强、黄聪、陆军、崔兵、朱石匀、施泉、范华	三等奖

续表

年度	序号	项目名称	主要完成单位	主要完成人	获奖等级
2018	1	中衡设计集团新研发设计大楼	中衡设计集团股份有限公司	冯正功、李铮、张谨、薛学斌、张勇、傅卫东、詹新建、武鼎鑫、郭丹丹、段然、程开、王恒阳、高霖、黄琳、邓继明、殷吉彦、徐宽帝、丘琳、许斌、印伟伟	一等奖
	2	国网客服中心南方项目一期工程	国网江苏省电力有限公司、国家电网公司客户服务中心、江苏绿博低碳科技股份有限公司	袁建凡、汤昶、穆腾飞、吴雷、田心、刘词声、薛海涛、花文林、张正祥、唐斌、孔强卫、赵彦君、陈佩佩	二等奖
	3	苏州宝时得中国总部（一期）办公大楼	启迪设计集团股份有限公司、江苏省（赛德）绿色建筑工程技术研究中心、宝时得科技（中国）有限公司	周玉辉、夏益峰、张洎航、朱小波、郭新想、王朝询、梁诗灏、范佳琪、钮晓琳、陆建清、吴树馨、刘仁猛、于等春、李金栋	二等奖
	4	海门中南集团总部基地办公楼	江苏中南建设集团股份有限公司、江苏中南建筑产业集团有限责任公司、江苏绿博低碳科技股份有限公司、中国建筑上海设计研究院、海门市建设工程造价管理处	陈锦石、瞿海雁、唐斌、杨羽、陈耀钢、孔强卫、陈佩佩、赵彦君、张军、朱松华、陈俊、李勋、吴剑虹、张雷、何健	二等奖
	5	无锡江南大学数媒经管大楼	江南大学、江苏硕佰建筑科技有限公司、无锡轻大建筑设计研究院有限公司	田备、张祖兴、赵伯侃、刁永华、黄嫚丽、陈宁、段二高、范朋慧、丁新中、舒春敏、赵让、张千、周亚平、张浩、刘芳	二等奖
	6	昆山市友达光电（昆山）厂房	友达光电（昆山）有限公司、昆山市规划设计有限公司	张连杰、柴代胜、宋伟、许洁、吴亚男	二等奖
	7	苏州圆融星座项目	苏州圆融发展集团有限公司、深圳市建筑科学研究院股份有限公司	石颖、白明宇、孙祖兴、邢荣鹏、刘伟、刘鹏、刘德云、王雪、刘丰榕	三等奖
	8	宜兴市文化中心	宜兴市公共建筑建设管理中心、江苏丰彩节能科技有限公司	俞卓军、薛新宇、刘社兵、程冰、朱灿银、吴勇、杨骏、李传殿、朱银春、赵小勇	三等奖

续表

年度	序号	项目名称	主要完成单位	主要完成人	获奖等级
2018	9	苏州三星第8.5代薄膜晶体管液晶显示器项目一期主厂房	中国建筑科学研究院有限责任公司上海分公司	葛霏斐、景小峰、吴鹏辉	三等奖
	10	扬州市蓝湾国际22-39、48-49号楼项目	恒通建设集团有限公司、扬州裕元建设有限公司、江苏通亚住宅产业化技术有限公司、江苏派利景观工程有限公司	陈有川、崔庆华、李晓金、朱杰、朱鼎康、王园园、陈露、吕君	三等奖
	11	吴江滨湖绿郡花园（一期）	苏州朗坤置业有限公司、上海朗诗规划建筑设计有限公司、南京朗诗物业管理有限公司吴江分公司	杨柯、赵为麒、王超、王华、林炳圣、钟静、刘玉兵、吴冬卉、孙慧、孙东磊	三等奖
	12	昆山花桥梦世界电影文化综合体配套住宅1~11号楼	昆山嘉宝网尚置业有限公司、江苏昆山花桥经济开发区规划建设局、昆山市规划设计有限公司	石建良、邓华、张强、柴代胜、宋伟、郭旗宾、阮元龙、何海峰、许洁、吴亚男	三等奖